极简逻辑学

李艾伦 著

民主与建设出版社
·北京·

© 民主与建设出版社，2020

图书在版编目（CIP）数据

极简逻辑学 / 李艾伦著. -- 北京：民主与建设出版社, 2019.9（2021.3）

ISBN 978-7-5139-2641-6

Ⅰ.①极… Ⅱ.①李… Ⅲ.①逻辑学—通俗读物 Ⅳ.①B81-49

中国版本图书馆CIP数据核字（2019）第191638号

极简逻辑学
JIJIAN LUOJIXUE

著　　者	李艾伦
责任编辑	彭　现
装帧设计	嫁衣工舍
出版发行	民主与建设出版社有限责任公司
电　　话	（010）59417747　59419778
社　　址	北京市海淀区西三环中路10号望海楼E座7层
邮　　编	100142
印　　刷	三河市同力彩印有限公司
版　　次	2020年6月第1版
印　　次	2021年3月第2次印刷
开　　本	710毫米×1000毫米　1/16
印　　张	11.5
字　　数	180千字
书　　号	ISBN 978-7-5139-2641-6
定　　价	49.80元

注：如有印、装质量问题，请与出版社联系。

前言

"你这么大个人，怎么和孩子一般见识？""我带着孩子呢，你把下铺让给我怎么了？""你怎么可以吃狗肉，小狗那么可爱？""你同学都结婚了，你怎么还不结婚？"诸如此类的问题还有很多，不讲逻辑的人怎么说都有理！网络时代遭遇的神逻辑让人无言以对，郁闷不已。

逻辑是什么？这是一个看似简单却不好回答的问题。谈及"逻辑"二字，大家脑海中隐约闪现出来的是柏拉图、亚里士多德、苏格拉底和"难"字。其实真正的逻辑并没有想象中的那么难，如同开端的几个小事例，或许你说不出来其中的逻辑，但是道理绝对能懂。

逻辑学拥有自身的定律，如同人文社会的法律，逻辑在这些定律中合理地运行。比如，同一律、矛盾律、排中律。乍一看这些规律，毫无头绪地难，其实不然。

在单一思维过程中，必须在同一意义上使用概念和判断，不能在不同意义上使用概念和判断。简单来说，事物只能是其本身。这就是同一律的简单解释，比如说，苹果就是苹果，香蕉就是香蕉。如果违反了同一律，苹果则可以变成香蕉。如凡苹果都是水果；香蕉是水果；所以，这个香蕉是苹果。

矛盾律意为任一事物不能同时既具有某属性又不具有某属

性，不能既肯定，同时又否定。这一定律很容易理解，你是高个子，就不能是矮个子；以子之矛攻子之盾，何如？这就是矛盾律的通俗解释。

排中律是指同一思维过程中，相互否定的两个思想不能同假，其中必有一个为真。这一定律在矛盾律的基础上发展而来，也就是说两个思想相互矛盾，具有反对关系，如果其中一个被证明是假的，那反对的那个肯定是真的。

这三个定律只是最基本的定律，如果这三个基础定律尚且简单易懂，那么建立在他们基础之上的逻辑学大厦也不会真的难到哪里去。

"凶手就是你。""你有什么证据？"柯南又把凶手揪出来了，然后一顿眼花缭乱的推理。逻辑总是与推理息息相关，令人着迷的正是明面上能够看到的推理，而真正有力量的则是背后的逻辑。关于推理，常见的有演绎推理、归纳推理、类比推理，演绎推理可能大家听得稍微少点，但是归纳推理和类比推理十分常见。

演绎推理中最简单、最常听到的就是"三段论"，一个著名的三段论推理：苏格拉底会死。

凡人都会死。

苏格拉底是人。

所以，苏格拉底会死。

看这个三段论推理，只有三句话，就得出一个结论来。

关于演绎推理的理解是，发生的事件是按照怎样的逻辑进行的，在未知的情况下，你可以作为这个逻辑的演员。如你扮演的是一位警察，正在调查一宗凶杀案，现场的线索寥寥无几，但正是这寥寥无几的线索，成为你演绎凶杀场景，发现凶手与杀人动机的出发点。位置逻辑可以靠自己演绎、推理得出和当事人一致的行为，这就是演绎推理的魅力。

中学时期学过的二分之一加三分之一，一直加到n分之一，最后的结果与某个具体数值去比较，当时采用的办法就是归纳法。如果只要五个数字递进，完全可以把五个数字都总结了，如果是无穷的数字，或许确定了某一部分的广泛特征后，对于未知的数字规律，即可归纳预判，因此，归纳推理有完全和不完全之分。

前言

　　类比推理就更容易理解了，"照着葫芦画瓢"就行了，生活中最常见的仿生学，比如飞机、潜水艇、鲁班造锯等，由一种原理，仿照着开发出另一件不同的东西。类比推理最能够体现出一个人的创新能力。

　　生活中那些逻辑感强大的人总会引起别人的注意和尊敬，人人都想成为生活中的智者，但是逻辑思维能力不是一夜之间培养出来的，对它的掌握更需要一个长期的思维锻炼过程。

　　逻辑学在很多人心中是一门枯燥无趣的学科，尤其是首次接触逻辑问题的人，他们甚至要花很长时间搞懂一些概念性的东西和符号。很多人还没有入门，就被逻辑学高难的面纱吓倒了。本书首先简单地介绍了逻辑学的部分特点及作用，目的就是让大家从心里了解，逻辑学并没有那么难。

　　逻辑学作为一个深奥精彩的学科，对我们的生活实践有诸多好处，因此本书将带领读者从最简单的逻辑入手，穿插一个个经典、精彩，有意义、易理解的小故事，倾情地为大家解释逻辑中复杂难懂的概念理论，让读者体会到逻辑思考的快乐。

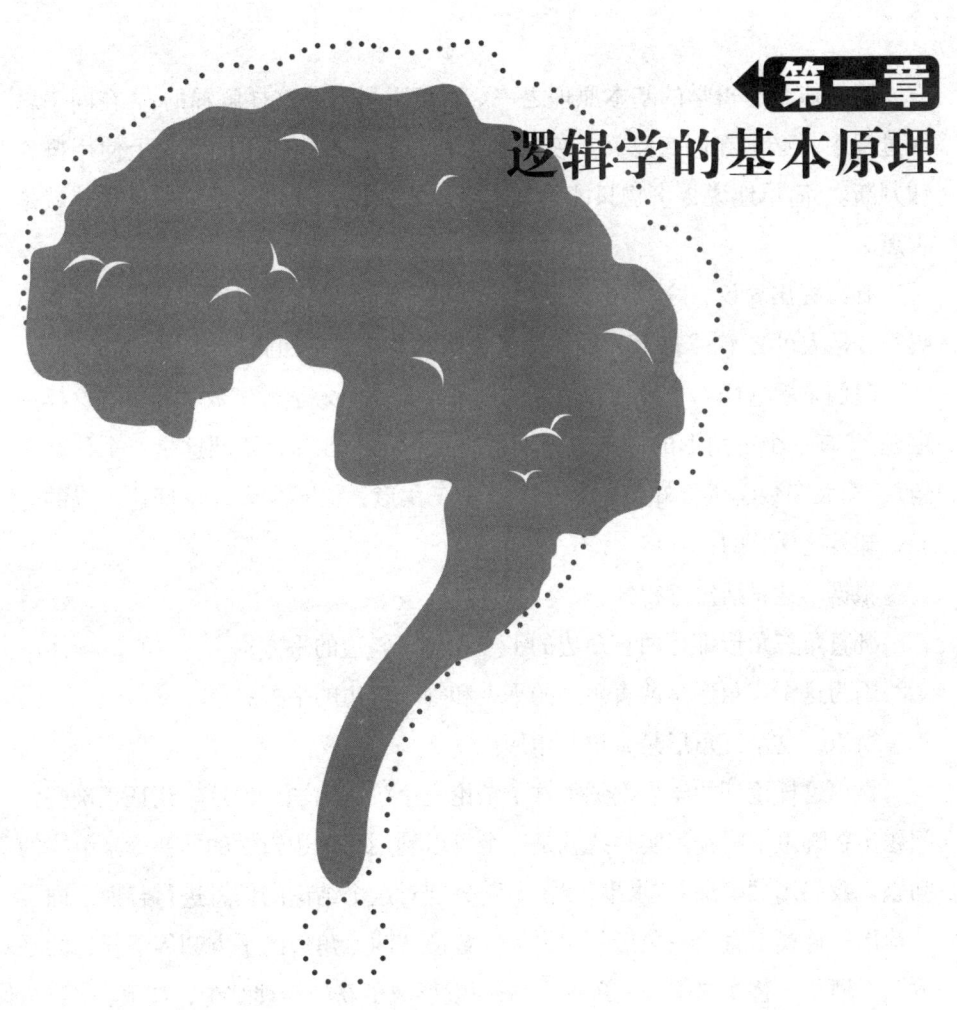

第一章
逻辑学的基本原理

1 同一律：苹果就是苹果，而不是橘子或香蕉

同一律是逻辑学的基本原理之一。百度百科上是这样解释的："在同一思维过程中，必须在同一意义上使用概念和判断，不能在不同意义上使用概念和判断。"简单地说，事物只能是其本身。比如说，苹果就是苹果，香蕉就是香蕉。

有人提出异议："这不是废话吗？苹果不是苹果，难道还会是橘子或香蕉吗？真是太可笑了。"然而，同一律所表明的意思就是如此。

我们来看这样一个推理和论证的例子，某高中入学考试数学题中有这样一道题："有一个三角形的三条边分别是3cm、4cm、5cm，请问这是一个什么三角形？"大多数学生都知道这是一个直角三角形，但不少人在论证这一点的时候，却是这样答的：

根据毕达哥斯定理得知：

凡直角三角形都是两直角边的平方和等于斜边的平方；

因为这个三角形是两直角边的平方和等于斜边的平方；

所以，这个三角形是直角三角形。

做出这样论证的学生都觉得这个结论完全没有问题，但这个论证正确吗？问题出在哪里了呢？其实，这就是一个可以利用简单逻辑学的同一律来解决的问题。我们用"苹果""水果""橘子"分别对这个结论的信息进行替换，即："苹果"替换"直角三角形"，"水果"替换"两直角边的平方和等于斜边的平方"，"橘子"替换"这个三角形"。从而就形成了新的推理结论，如下：

凡苹果都是水果；

橘子是水果；

所以，这个橘子是苹果。

那么根据论证"凡苹果都是水果"是正确的，"橘子是水果"也没问题，但结论"所以这个橘子是苹果"显然是不对的，橘子永远不会是苹果。既然这个推理是错误的，那上述学生的答案虽然和它内容不同，但犯的逻辑错误是一样的。

根据逻辑学知识，这是一个典型的三段论，即两个有一个共同概念构成的句子，共同作为前提推出的一个结论，并不一定就是正确的，也就违反了同一律。

我们生存的世界多姿多彩，如果将其看成是一个整体，它就是由不计其数的个体组成，并且每个个体都是独一无二的。在这其中，每一个个体都是其本身，而不能是其他的个体。

生活中，常见的违反同一律的现象有：混淆概念、偷换概念、转移论题和偷换论题。

举一个例子，有个人说："我一有空就上网玩游戏，从不浪费一分一秒。"这句话就犯了混淆概念的错误，因为"浪费"是指消耗有价值的东西或有意义的事，显然"玩游戏"并不属于一范畴。

再比如《韩非子》中有个"卜子之妻"的故事：说是卜子让他的妻子给他做裤子，妻子做好后问他："这条裤子如何？"他说："象吾旧袴。"意思是这条裤子的样式跟以前旧裤子一样，但他的妻子却理解为"这条裤子要跟旧裤子一样破旧"，便把一条新裤子弄成了旧裤子的样式，从而闹出了笑话。事实上，这就是因为妻子对卜子所说的概念认识不清，对比较接近的事物和现象的概念，在内涵和外延上存在辨别障碍，才会犯概念混淆的逻辑错误。

想要避免概念混淆，就要准确把握所使用概念的内涵和外延，且注意对同音异义和近义词的辨别，并根据上下文的语境恰当地使用词语，才能有效避免混淆概念。

偷换概念是人们有意将概念本身的意思替换掉，如此一来，这个概念的修饰词、应用领域、所指代的目标、对象等，都会发生改变。比如："马是吃草

的。"显而易见，这个命题是正确的，但有人却反驳说："不对，海马不吃草。"在这里，反驳者就是将"马"的概念偷换成"海马"，这就是典型的偷换概念，违反了同一律。

一般情况下，偷换概念常常和诡辩联系在一起，是一种蒙蔽他人的重要手段。但在语言逻辑高手面前，诡辩者就无计可施了。

比如有诡辩者问："苹果作为蔬菜，炒着好吃还是蒸着好吃？"逻辑思维弱的人大多会在第一时间思考到底选择哪种做法，而这时他其实已经不知不觉地钻进了对方设下的圈套里。而对语言逻辑高手而言，他的第一反应该是反驳"苹果是一种蔬菜"这一论点。

在哲学中，同一律重点强调每个个体都是"一"的存在，具有个别性、独立性、完全与己等同的特点。如果用公式来表达就是：A=A或者是A→A。并不是说有两个A的存在，而是不论怎样变化，有且只有一个与自己等同的A。总而言之，我们要好好地学习它。

进化论的争论

同一律最典型的一个例子就是"进化论的争论"。

在19世纪中期，很多科学家的思想还停留在"创世论"的基础上，认为万物自创的时候已经存在了，亘古不变。1859年，达尔文撰写的《物种起源》出版，彻底打破了人们对原有思想的认知。

达尔文认为"物竞天择，适者生存"，人们正是因为自然选择而不断进化，最后才不断进化逐渐成为现在的"人"。如此一来，"进化论"与"神创论"出现了不可避免的激烈争论。

1860年，达尔文进化论的坚定支持者英国动物学家托马斯·亨利·赫胥黎与牛津的主教塞穆尔·威尔伯福斯在牛津大不列颠学会上进行了激烈的辩论。

为了攻击进化论，威尔伯福斯指着赫胥黎的鼻子不屑一顾："你说你是从猴子变成人类的，那你的爷爷奶奶是从哪里来的呢？"

赫胥黎平静地说道："我宁愿承认我是由猴子变化而来的，也不想做一个为效忠成见与谎言而攻击知识的文化人的后裔。"

在哲学中，当达尔文的进化论越来越为更多人所接受的时候，有人提出了《物种起源》中最具有争议的地方："自然选择是进化的主要机制，生物演化的步调是渐变式的，是一个在自然选择作用下累积微小的优势变异的逐渐改进的过程，而不是跃变式的。"用进废退和自然选择时会产生生物演化的动力，但这都是建立在渐变论上，而不应该是突变论。

用逻辑学的基本原理同一律来解释就是说，人的本身就是人，而不会是猴子。也就是说，人应该是由人进化而来，而不是由另一个物种猴子变化而来。

根据逻辑学的基本原理，概念是认知基础，任何命题所表述的概念，其"内涵"和"外延"都必须是确定的，也就是要符合"同一律"。如果在讨论中随意更换概念内涵和外延的区域值，那么即便你的话语里使用了同一个名词，但因为实际所指的事实被偷换了，也是违反了"同一律"。

在"进化论的争论"中，显然威尔伯福斯就是偷换了"进化"和"变化"两个概念，也是对于进化论概念的模糊引起的。在这一概念中，虽然"进化"属于"变化"，但两者概念的内涵和外延却是不一样的。也就是"进化"确实属于"变化"的一种，但这并不代表"进化"就等于"变化"，即如果A概念的外延包含了B概念的外延，这时A是B的属概念，B则是A的种概念。"进化"的概念外延包含于"变化"之中，所以"进化"是"变化"的种概念。

威尔伯福斯在辩论中所表述的意思，却把"进化"和"变化"混为一谈。当他把"变化"的外延和"进化"的外延搞混之后，就出现了这样一个由"进化"推断出"人类是猴子变化来的"荒唐结论。

对于逻辑思维不严谨的人来说，这种随意扩张、缩小概念内涵和外延的论证方式，最容易出现鸡同鸭讲的局面，或者极容易被忽悠。因此，我们在逻辑学的使用过程中，切忌用简单微小的变异来等同于宏观差异，除非我们能证明宏观差异与微小差异之间具有完全相同的性质。比如：一根很短的头发不断地长，变成了一根长头发，就可以说这根长发是短发每天微小增长累积起来的，得出"长发是短发长成"这样一个结论，因为这里的"长发"与"短发"在性质、特征、组成等方面都是完全相同的。

这就像我们一直强调的,同一律重点强调的就是每个个体都是"一"的存在,即便A→B,也不能代表A=B,同一律所要表达的含义正是如此。它的存在,最大的作用就是为了保证思维的确定性。如果一个人在认知世界的时候没有确定性,那么他就很难正确地反映世界,也难以和别人进行正常的思想交流。

混淆和偷换概念

在论述这个问题之前,我们需要先了解:概念是什么?百度百科上将它定义为:"概念是人脑对客观事物本质的反映,这种反映是以词来标示和记载的。它是思维活动的结果和产物,同时又是思维活动借以进行的单元。"既然概念是反映对象本质属性的思维形式,那思维若想正确地反映客观现实,就要求概念必须是清晰的、辩证的、富有逻辑性的。

一般情况下,概念的表达都需要借助词语。词语虽然具有表达概念的作用,却也存在一词多义和一义多词的现象。这就导致概念和词语关系非常复杂,一旦用词不当,就容易造成概念方面的逻辑混乱。其中,混淆概念和偷换概念就是对概念错误运用中最常见的两种形式,这些逻辑混乱的现象总是让人啼笑皆非。

混淆概念

混淆概念是指在同一思维过程中,无意识地将某些表面相似的不同概念当作同一概念使用,或在不同意义上使用同一概念而犯的逻辑错误。另外,某些具有相同意义的词语,如果混淆了所相对的范围、语境,也会造成概念混淆。

举一个例子,比如:"所有的狼都有锋利的牙齿,既然拔光了牙的狼是狼,所以拔光了牙的狼是有牙的。"很明显,这句话就是前后矛盾、不符合逻辑的。之所以会产生这种自相矛盾的错误结论,主要是因为这句话里面前后出现的语词"狼"是有歧义的。这句话先表示狼之所以为狼,就应该有锋利的牙齿,这是对"狼"这个词的理解。但它接着又表示了狼的一种特殊情况,即被拔掉了锋利牙齿的狼,这又是对"狼"的另一种理解。如此一来,"狼"

这一语词在这个推理中就出现了明显的歧义，从而导致了这一推理结论的错误。

另外，对于具有相对意义的词语，如果我们混淆了它的范围或语境，也容易造成概念混淆的谬误。比如："蚯蚓和蛇都是爬行动物，这是一条大蚯蚓，那是一条小蛇，所以这条小蛇要比那条大蚯蚓小。"这里，就是把"大"和"小"的相对概念理解成了绝对概念，才产生了这种歧义性的逻辑谬误，违反了逻辑中的同一律。

偷换概念

逻辑高手在叙述自己对某件事的意见或看法时，思维总是统一且确定的，概念也不会发生偏移，以便听者能听得明明白白。但现实生活中有不少人却喜欢"偷换概念"，把一个词语原有的意思解释得面目全非。

网络上有这样一个段子：有个男生去追求女神，女神对他说："你很好，就是阅历太少，等你环游世界之后，再来找我吧！"男生想了一下，绕着女神走了一圈，说："好了。"女神问："你这是在干什么？"男生说："环游世界啊，你就是我的全世界！"

显而易见，这就是一个利用偷换概念进行的"撩妹"行为，如果对方是一个脑回路奇异的女生，估计就会心甘情愿"被撩"了。不得不说，现实生活中有不少人都是这方面的高手，比如明朝大才子唐伯虎。

当时有一财主为其母祝寿，才子唐伯虎也应邀参加寿宴。席间，财主请唐伯虎为寿星题诗祝贺，不便推辞的唐伯虎乘酒兴挥笔写下第一句："这个婆娘不是人。"

财主脸上顿现怒色，正要开口训斥，唐伯虎稍一蘸墨，又题出第二句："九天仙女下凡尘。"

财主脸色立即阴转晴，厅上掌声一片。结果掌声未落，唐伯虎又挥毫写下第三句："儿孙个个都是贼。"

这还得了？财主兄弟怒目圆睁，几乎要挥拳了，唐伯虎微微一笑，写下了最后一句："偷得蟠桃献母亲。"

此诗一出，宾客们掌声雷动，财主一家更是眉开眼笑。在这里，唐伯虎就

是巧妙地偷换了"不是人"和"仙女","贼"和"偷桃孝子"的概念,使得宾主尽欢。可见,偷换概念如果用得好,还可以起到制造幽默效果的作用。

偷换或者转移论题

上面我们已经说过,在逻辑学的基本规律中,"混淆概念"和"偷换概念"都属于对概念的不当使用而导致的违反了同一律的现象。如果一个人对论题的判断不当,那他虽然同样属于违反了同一律的逻辑要求,却和"混淆概念""偷换概念"存在一定的区别,我们称之为"偷换论题"和"转移论题",这是一种在议论中论题不保持同一的情况。

偷换论题与转移论题最大的区别在于:是否存在主观上的故意。比如,某次会议上,大家检讨起官僚主义的危害,有人说:"从这次的事故结果来看,官僚主义的存在,危害十分大。但是,解放军是哪里有危险,就往哪儿冲。因为人民子弟兵英勇奋战,大大降低了损失……"

在这里,发言者就是将"检讨官僚主义的危害"替换成了"赞美解放军的英勇"。如果这是发言者的无意行为,我们就称之为"转移论题";但如果是发言者故意为之,那就是"偷换论题",而无论哪种情况,都是违背了同一律的存在。

偷换论题

在逻辑学中,偷换论题是将原来讨论的论题偷偷改换为其他论题,从而达到混淆视听的目的。简单来说,就是一种典型的诡辩,是一种故意违反同一律要求的现象。

举一个例子,一位男士到剧院看歌剧,他有个不错的位置,歌剧的内容也不错,但因为他的座位后面有两人一直在高谈阔论,让他连台上的演员在说些什么都听不清楚。他很生气,转过头恼怒地对两人说:"我一句话都听不到。""这你管不着,"其中一个小伙子理直气壮地说,"这是私人谈话。"

在这个故事中,"我一句话都听不到"指的是歌剧内容,里面包含着"因为你们的谈话,让我一句台词也听不见"的判断。但小伙子的回答"你管不着，这是私人谈话"，虽然同样是真实的判断，却与这个判断不相符。小伙子把"是否能听见台词"这一论题偷换成了"是否能听见他们之间的谈话"，显然违反了逻辑学的同一律原则，也暴露了他无理至极的态度。

我们再来看一个例子：在2019年3月5日的外交部例行记者会上，有位记者问："我的问题与两名被中方拘押的加拿大公民有关，为何一个加公民与另一个加公民在中国联络就被中方认为是窃取国家秘密的间谍行为？这是否有违逻辑？"官方回答："根据已经披露的消息，有关部门重点介绍了加拿大公民康明凯刺探、窃取中国国家秘密和情报案的有关情况。我不太明白为什么你认为这两个加拿大公民在中国涉嫌上述犯罪一案存在不合逻辑之处。"

在这里，显然提问者就犯了违反同一律的错误，他所谓的质疑提问，也是基于偷换论题的提问，其本身就不符合逻辑。因为在他的提问中包含了这样一个预设：只有"加公民"和"中国公民""联络"，才可能构成"间谍行为"，而这个预设显然不正确，所以这是一个伪问题，官方回答也明确指出了这个记者所犯的错误。

转移论题

转移论题也被称为离题、跑题、走题，是指在同一思维过程中，把所要论证的论题抛在一边，并用似是而非的新论题取代原论题。

比如顾客到水果店买水果，看见架子上橘子的品相不怎么好，就开口问："老板，还有好点的橘子吗？"店主回答："有刚进回来的苹果，既新鲜又便宜，要不要？"在这里，店主没有直接回答顾客"有没有好点的橘子"这一论题，而是将话题转移到了"苹果"上，大谈苹果如何物美价廉，就是一种典型的转移论题。

这是一种生活中常见的转移论题现象，只要稍微留意一下就能发现。还有一种转移论题的情况，如果我们不明白逻辑学的同一律原理，就可能吃大亏。

一个旅行者经过长时间的长途跋涉，他又饥又渴，步履艰难地走进一家餐厅。

"请问夹肉面包多少钱一份？"旅行者问。

"五先令一份，先生！"店员回答。

"请给我两份夹肉面包。"店员递给他。

"请问黑啤酒多少钱一瓶?"旅行者又问。

"十先令一瓶,先生!"店员回答。

"现在我觉得自己渴得比较厉害,所以我想用这两份夹肉面包换一瓶黑啤酒,可以吗?"旅行者再次问道。

"当然可以!"店员爽快地说,并收起面包,递给对方一瓶黑啤酒。

旅行者打开黑啤酒一饮而尽,然后背起背包准备离开。店员急忙叫住他,客气地说:"先生,您还没有付啤酒钱。"

"啤酒是我用夹肉面包换的呀!"旅行者满脸惊讶地说。

"可是面包您也没付钱啊。"

"我又没吃你的面包。"

"可是……"店员语塞,一时竟找不出对方的差错,只得任由对方扬长而去。

在这则故事中,旅行者就犯了"转移论题"的逻辑错误,当店员要求付款时,他就"顺理成章"地把话题从"没付钱"转移为"没吃",进而达到赖账的目的。可见,逻辑学是现代社会认知事物的关键,我们要好好认识它、学习它,避免上当受骗。

2 矛盾律：两个互相否定的观点，一定有一个是假的

矛盾律，也有人称之为"不矛盾律"。在传统逻辑学中，矛盾律首先是作为一种事物规律被提出来的，意为任一事物不能同时既具有某属性又不具有某属性。它通常被表述为A不是非A，或A不能既是B又不是B。这一逻辑原理要求：在同一思维过程中，对同一对象不能同时做出两个矛盾的判断，不能既肯定它又否定它。用逻辑学的专业术语来说，就是指两个互相否定的观点，不可能都对，一定有一个是假的。用大家都明白的话来说，就是别自己打脸。

比如众所周知的脑白金广告语："今年过节不收礼，收礼只收脑白金！"在这里，"今年过节不收礼"和"收礼只收脑白金"，就是矛盾律的典型代表，打自己脸了。

有人可能会问，既然这是违反逻辑的，为什么广告商还要这么用？也许对方就是想通过制造"矛盾"的方式，去吸引别人的眼球，抓住大众的注意力。当然，这并不是我们无法辨识逻辑错误的借口，任何时候，拥有识别逻辑谬误的能力都是必要的。至于识别方法，只需要记住一句话："两个互相否定的思想，不可能都对。"

在这里，我们需要先理解什么叫"否定"。

举一个简单的例子，"成功"的否定是"失败"吗？当然不是！"失败"只能说是"成功"的反义词，其否定应该是"未成功"才对。既然如此，那"未成功"和"失败"是一回事吗？当然不是。"未成功"可能是"失败"，也可能是一种"未知状态"，而这种"未知状态"在将来可能会演化为"成功"，

也可能演化为"失败"。由此可见,"未成功"的外延是大于"失败"的外延。所以,"成功"是和"未成功"互相否定,而不是和"失败"。

再如,"白"的否定是"黑"吗?通过以上表述,聪明的你一定已经知道了,"白"的否定不是"黑",而是"非白",它可能是"蓝",也可能是"红",还可能是"灰",只要不是"白",都是"非白",而不仅只是"黑"。

总结来说,所谓矛盾律,就是抓住矛盾相对这一逻辑,认识到两矛盾的事物绝不可能都是对的,从而来辨别是矛的错误或者盾的错误。

理发师的头是谁理的

有位理发师在自己的理发店门口贴了这样一则告示:本理发师专门为那些不给自己理发的人理发。有人看到后问理发师:"那你能为自己理发吗?"理发师无言以对,并因此陷入一个难解的困境:如果理发师能给自己理发,那他就会变成一个"为自己理发的人",但按照告示,他应该是一个"不能为自己理发的人";如果他不能为自己理发,那他就是一个"不能为自己理发的人",但按照告示,他能为自己理发,这与第一种情况又产生了矛盾。

这种情况,逻辑学中称之为"悖论"。悖论是一种特殊的逻辑矛盾,它在逻辑上可以推导出相互矛盾的结论。比如,由一个命题的真可以推论出它的假,或者由一个命题的假也可以推论出它的真。正因为逻辑悖论断定了一个推论既是真的又是假的,所以违反了逻辑学的矛盾律。而且,一旦这个悖论存在或者被人提及,也会因为这个问题本身会成为这个悖论的矛盾所在,所以导致人们无法找到解决这一问题的答案。

比如:"我正在说的这句话是假的。"这是一句典型的违反矛盾律的话,它会产生一个这样的悖论:如果"我正在说的这句话是假的"是一句真话,那么可以推论出这句话是假的;但如果"我正在说的这句话是假的"是一句假话,那么可以推论出这句话是真的。

这句话其实与理发师的道理相同,它们最终的论断都会成为既真又假的命题，犯了自相矛盾的错误，属于逻辑悖论。

比如有个著名的逻辑悖论叫作"龟兔赛跑"，它表述的意思是：兔子1秒钟可以跑10米，乌龟1秒钟只能跑1米，如果让乌龟在领先兔子10米的位置起跑，那么当兔子1秒钟跑了10米的时候，乌龟已经跑了1米，到了11米的位置，当兔子追上乌龟这1米时，乌龟又往前跑了1/10米。以此类推，兔子只能无限接近乌龟，但永远也追不上乌龟。

从理论方面来看，这个逻辑推论没有任何问题，但如果放到生活当中，它显然是错的。因为兔子只需要1秒钟就能远远超过乌龟，所以这是一个逻辑悖论。

举一个例子，有个商人被强盗抓住了，强盗头目恶狠狠地对商人说："你说我会不会把你杀掉？如果你说对了，我就把你放了；如果说错了，我就杀掉你。"商人低头想了想，对强盗说："你会杀掉我。"后来，商人被强盗放了。

在这个故事里，商人就是利用逻辑悖论救了自己一命。推理一下：如果强盗把商人杀了，那商人说的话无疑是对的，强盗应该放人才对；如果强盗把商人放了，那就表示商人的话是错的，强盗应该杀掉他。这样一来，却又回到了前面的推理。这是一个悖论，聪明的商人找到的答案使强盗的前提互不相容。

现在，我们就可以总结出逻辑悖论的三个主要形式：首先，一种论断看起来是错了，但它实际上却是对的，逻辑学上也叫这种形式为"佯谬"；其次，一种论断看起来是正确的，但它实际上却是错误的，也就是一种似是而非的理论；最后，一系列的推理看起来好像无懈可击，却造成了逻辑上的自相矛盾。

自相矛盾的概念

自相矛盾的概念通常比较容易识别，因为它的内涵和外延都非常清晰，所以不会产生歧义，里面的问题我们一眼就能看出来。比如：

"一个黄昏的早晨，一个年轻的老人，手持一把锋利的钝刀，杀死了一个活蹦乱跳的死人。""黄昏的早晨""年轻的老人""锋利的钝刀""活蹦乱跳的

死人",这些都是明显的自相矛盾的概念。

"这个山洞从来没有人进去过,进去了的人也从来没有出来过。""从来没有人进去过"和"进去了的人"同样是自相矛盾的概念。

举一个众所周知的例子:还记得楚国那个卖矛和盾的哥们儿吗?他拿起自己的矛夸赞道:"我的矛锋利极了,任何坚固的东西都穿得透。"又拿起自己的盾夸赞道:"我的盾坚固无比,没有什么东西能够穿透它。"有人问他:"如果用你的矛刺你的盾,结果会怎么样呢?"他张口结舌,哑口无言了。什么都能刺穿的矛和什么也不能刺穿的盾,显然是无法同时存在于这个世上的,这就是典型的自相矛盾,违反了逻辑学基本原理。

由此可见,在同一思维过程中,两个观点相互否定便是矛盾律的典型表现。再举一个例子:

战国时期的著名学者庄子经常带着学生周游列国,用以宣传他的主张思想。一天,他和学生们看见伐木工人正在砍伐树木,其中一棵树枝繁叶茂,树荫覆盖了一大片土地,但伐木工人却把它留了下来,庄子问:"你为什么不砍这棵树?"伐木工人回答:"你们别看这棵树枝叶繁茂,但它并不成材,它长得歪歪扭扭的,树疙瘩也特别多,既不能做栋梁,也做不成板材,我砍了也没什么用。"

庄子听后感慨万分,对学生们说:"你们看见了吧,那些长得直的树,因为成了材,所以都被砍了;这棵大树因为不成材,反而不被人砍伐,能够享其天年。你们一定要记住这件事。"学生们纷纷答应。

走出树林,翻过山冈,庄子带学生们到一户人家投宿。主人家热情地接待了他们。不仅让出最好的房间给他们休息,还专门宰了一只肥鹅款待。宰鹅时,主人家的儿子问:"宰哪只鹅?"主人回答:"当然是宰那只不会叫的。养鹅是为了防盗护院,鹅不会叫就没有用,不成材,留着它也没用。"

庄子听后,又感慨地对学生们说:"你们看到了吧,那些会叫的鹅,因为成材得以被保留下来;这只鹅因为不会叫,不成材,所以被杀掉了。你们一定要记住这件事。"大家又纷纷称是。

这时,一个学生问:"老师,我不太明白。为什么那棵大树因为不成材而枝繁叶茂，并得享天年，而这只肥鹅却因为不成材而被宰杀？为什么那些大树因为长得直，成了材而被砍掉，这些鹅却因为会叫，成了材而被保留下来？那么我们到底是应该成材还是不成材？"

在这里，"成材"与"不成材"之间就存在矛盾关系，两者之间不能同真，其中必定有一个是假的。但庄子既否定了"成材"又否定了"不成材"，认为两个观点都是假的，这便违反了逻辑学的矛盾律原理，是自相矛盾的。

换言之，就是我们不能用两个相互矛盾或反对的概念去表示同一个对象。比如用"高"和"矮"同时形容一个人，或者使用"熟"和"不熟"同时形容一道菜品，这就会违反矛盾律，从而造成思维混乱。

自相矛盾的判断

在逻辑学的矛盾律原理中，自相矛盾的判断是指，在同一思维过程中，两个相互矛盾的判断是不能同时为真的。简单来说，就是不能用两个互相矛盾的判断去对同一对象做断定：即如果断定了某对象是什么，就不能再同时断定它不是什么或是别的什么。

举一个简单的例子，当我们形容一朵花时，自然不能既断定"这是一朵菊花"，又同时断定"这不是一朵菊花"。又或者，当我们对一个人讲话时，也不能既断定"凡是这个人说的话都是对的"，又同时断定"这个人说的话都是错的"。这就是自相矛盾的判断。

根据逻辑学的基本原理可知，矛盾律通常是"A必不非A（A一定不是非A），或A不能既是B又不是B。要求在同一思维过程中，对同一对象不能同时做出两个矛盾的判断，即不能既肯定它，又否定它"。据此我们可得出，当同一思维中的两个处于矛盾状态时，其正判断与负判断也是矛盾关系。

比如"明天必然是晴天"与"明天可能不是晴天"就是矛盾关系。因为我们对某一概念的判断不能同时为真，也不能同时为假。但是，这里我们要注意另一种情况，即两个判断互相反对是指这两个判断不能同真，却可以同假。换言之，如果判断中的A判断与B判断是反对关系，比如"他是北京人"与"他

是河南人"是反对关系,这两个判断不能同真,但可以同假。

除此之外,在对同一对象进行断定的判断中,会含有两个互相矛盾或互相反对的概念,这种情况同样违反逻辑学的矛盾律。比如:"天上万里无云,白云朵朵。"在这一判断中,天空既然"万里无云"自然就不可能再"白云朵朵";反之亦然,二者既不能同真,也不能同假,属于矛盾关系。再如:"这个结论基本上是完全正确的。"这句话中的"基本上"与"完全"不能同真,但可以同假,是反对关系,违反了矛盾律,也是错误的。

我们来看这样一个故事:

传说,关羽死后成了天上的神。这天,他正在天庭散步,突然看到有个挑着一担帽子的人走过来。他大声喝道:"你是干什么的?"对方回答:"小的是卖高帽子的。"关羽听后很生气,怒斥道:"你们这种人最可恨了,许多人就是因为喜欢戴高帽子才犯了致命的错误。"对方恭敬地回答:"您说得没错,世上确实没几个人能像您一样刚正不阿,对这种高帽子深恶痛绝呢。"此话一出,关羽心中大喜,便放他走了。卖高帽子的人走远后,回头看了一眼自己挑的担子,发现上面的高帽子又少了一顶,呵呵笑了。

违反矛盾律,实际上就是违反了同一思维过程中思想的前后一贯性。在日常生活中,我们说某个人"言而无信""出尔反尔",或者"前言不搭后语",就是指他们违反了思维过程的一贯性,犯了自相矛盾的逻辑错误。在这则故事中,关羽原本对那些喜欢戴高帽子的人感到深恶痛绝,但当他自己被人戴了高帽子后,却又大喜过望。面对同样的情况却有着相反的表现,可谓自相矛盾。

总而言之,作为逻辑的基本规律之一,矛盾律对人们进行正确的思维活动有着重要的规范作用。在同一思维过程中,如果互相矛盾或互相反对的思想同时为真,或者说在同一时间和同一关系的前提下,对同一对象做互相矛盾或互相反对的判断,就会违反矛盾律,犯下"自相矛盾"的错误。

3 排中律：明确表态，避免模棱两可

关于排中律的含义，百度百科上解释：是指在同一思维过程中，相互否定的两个思想不能同假，其中必有一个为真。在这里，"相互否定的两个思想"指的是相互矛盾或具有下反对关系的两个思想。换句话说，就是在同一思维过程中，不能对具有矛盾关系或下反对关系的两个思想同时否定，也不能含糊其词，其中必然有一个是真的，才能保证思维过程有序、思维内容明确。

比如"生活中，有些垃圾是可以回收的"和"生活中，有些垃圾是不可以回收的"。这两句话中的两个判断就具有下反对关系，根据排中律，其中必有一个为真，不能同假。又比如"他说的话很有意思"和"并非他说的话很有意思"。这两句话就是具有矛盾关系的正负判断，也不能同假，其中必有一真。我们来看下面这个故事：

决定生死的抓阄

从前有个国王非常倚重自己的两个大臣甲和乙，但两个大臣却因为政见不合经常相互攻击对方。一次，大臣甲诬告大臣乙意图谋反。国王半信半疑，最后打算用抓阄的方式来解决这件事。于是，他吩咐大臣甲准备两个写有"生"和"死"的阄给大臣乙，如果大臣乙抓到了"生"就放了他，抓到了"死"就处死他。大臣甲偷偷在阄上做了手脚，两个阄都写着"死"字。大臣乙猜到大臣甲的用心，抓到其中一个阄后，立刻把它吞进了肚子。国王只得拿出剩下的

那个阄,看到上面的"死"字,便认为大臣乙吞下的肯定是写着"生"字的阄,觉得这是上天的旨意,就将他无罪释放了。

排中律的两个错误

上面故事中,国王判断大臣乙吞下的是写有"生"字阄的方式,就是对排中律的运用。排中律是逻辑学中的基本规律之一,一旦违反了排中律,就会犯"两不可"或者是"不置可否"的逻辑错误。

排中律的"两不可"

所谓"两不可"就是在同一思维过程中,对具有矛盾关系或下反对关系的两个思想同时表示否定,也就是因为断定两者皆为假而犯的逻辑错误。比如:"被告伤人既非故意也非过失,所以批评教育一下即可。"这个判断就是同时否定了两种情况,犯了"两不可"的错误。因为"伤人"要么是"故意伤人"要么是"过失伤人",不可能同时为假,其中必有一个为真,所以二者是相互矛盾的。

再如:"有三个人在讨论世界上到底有没有上帝的问题,甲说有,乙说没有,丙说:'我不同意甲,因为达尔文的进化论表明,人是由猿进化而来的而不是上帝创造的,所以世界上不存在上帝;我也不同意乙,因为世界上有那么多基督徒,既然他们都相信上帝,那上帝就应该是存在的。'"在这里,丙既否定了"世界上不存在上帝"这一观点,又否定了"世界上存在上帝"这一观点,而这两个观点在同一思维过程中却是互相矛盾的,所以违反了排中律,是犯了"两不可"的逻辑错误。

不置可否

所谓"不置可否",则是在同一思维过程中,对具有矛盾关系或下反对关系的两个观点既不表示肯定也不表示否定,而是含糊其词,不做明确表态。对于这种情况,我们可以将其分为"为了某个目的而回避表态"或者是"故意含糊其词"两种情况。

举一个例子:一户人家给孩子过满月,如果你说"这孩子将来肯定能升官发财",主人家听了肯定会很高兴,但你是在说谎,因为这个孩子的将来大家都说不准。但如果你说"这孩子将来肯定会死",虽然这是一句实话,却很可能会被主人家揍一顿。如果你既不想说谎又不想挨打,大概只能说:"哎哟!这个孩子!您瞧!多么……哈哈!"在这个例子中,含糊不清的态度就是犯了"不置可否"的逻辑错误。

还有一种情况,是对两个互相否定的思想用不置可否、含糊不清的语言去表达,让对方不知道他真正想说的是什么意思。比如:"你认识这个人吗?""应该见过。"对于这样的回答,我们既可以理解为"认识"也可以理解为"不认识",表达含糊不清,所以犯了"不置可否"的逻辑错误。

生活中,有很多人都习惯在肯定一件事情的同时,又对其表示否定,结果导致听者云里雾里、糊里糊涂。那么,我们究竟该如何应对生活中那些模棱两可的逻辑错误呢?有逻辑学方面的专家表示,我们可以从以下两点入手。

应对模棱两可的方式

应对模棱两可最简单的方式,就是明确自己的立场,切忌"都可以""差不多""都行"等没有明确立场的语言,做到说一是一,说二是二,如此才能有效避免发生模棱两可的逻辑错误。

少用中性词

汉语的大部分词语都有词性之分,按照词性,所有的词语都可以分为"褒义词""贬义词"和"中性词"。而"中性词"可以说是一种万能词语,它既不是"褒义词"也不是"贬义词",但在运用时却既能用于"褒"又能用于"贬"。这也导致这类词语很容易让他人曲解其意,从而产生歧义。所以,我们要少用中性词语,做到言辞准确,避免因为对"中性词"的运用而犯"模棱两可"的逻辑错误。

学会总结,构建"逻辑铁三角"

学会总结,可以让我们的语言像一个牢固的铁三角一般,让别人没有空

子可钻。比如:"办公室的厕所总是没人打扫,上班时常常闻到一股臭味,同事对此都有意见。里面的垃圾桶也没有人清理,饮水机离办公区太远了,非常耽误时间。还有厕所里的抽纸盒总是空的……"这样的话听起来就非常没有条理,东一句,西一句,让人找不到重点。如果我们这样说:"办公室的厕所总是没人打扫,垃圾桶也没有人清理,还有里面的抽纸盒也经常是空的,饮水机的距离有些远,喝水非常不方便……我建议……"这句话的意思其实与前面那句一样,但加上了总结的话语后,语言就显得有条理,也更令人信服。

日常生活中要成为语言逻辑高手,要注意在平时说话过程中把零散的词句总结得有条理性,有逻辑推导,有中心思想,也有总结结论,形成一个逻辑的铁三角。如此,才能避免"模棱两可"的逻辑错误。

华盛顿的马

据说在华盛顿年轻的时候曾发生过这样一件事:

有位邻居偷了华盛顿家的一匹马,华盛顿和一位警官去对方的农场里寻找并要求对方归还,但邻居却表示那是自己的马。华盛顿想了一下,然后用双手捂住马的双眼,问道:"既然你说这匹马是你的,那请你告诉我们,这只马的哪只眼是瞎的?"邻居并不清楚,只得猜测道:"右眼。"华盛顿放开蒙着右眼的手,马的右眼并不瞎。邻居见此又争辩道:"哦,不好意思,我说错了,马的左眼才是瞎的。"华盛顿又放开蒙着左眼的手,马的左眼也不瞎。"我又说错了……"邻居还想狡辩。"是的,你错了,"警官说,"这充分证明这匹马不是你的,立刻把马还给华盛顿先生吧。"

在这个故事中,华盛顿就是利用了逻辑学中的排中律原理。违反排中律要求的基本逻辑错误是"两不可",在同一思维过程中,对两个具有矛盾关系的概念或者具有矛盾关系的判断同时予以否定。华盛顿对邻居的问话中包含了"这匹马有一只眼睛是瞎的"这一假定,如此一来,对方自然觉得这匹马不是左眼瞎了就是右眼瞎了,不可能两只眼睛都瞎了或者两只眼睛都不瞎。偷马的邻居胡乱猜测,正好中了华盛顿设下的圈套。而华盛顿的马双眼都不瞎，正是违背了排中律的逻辑要求。我们已经知道，排中律是指任一事物在同一时间内具有某种属性或不具有某种属性，而没有其他的可能。就像对于一个命题来说，只有"是真的"或者"不是真的"两种可能，不可能会有折中现象的出现。

也就是说，排中律的基本内容决定了它可以由假推真，并保证思维过程的明确性，从而避免思维内容的模糊不清，这一逻辑原理适用于同一思维过程中具有矛盾关系的两个概念或判断。因此，违反排中律就会犯"两不可"和"不置可否"的逻辑错误。

需要注意的是，有时候因为我们本身对思维对象缺少足够的认识，导致一时不能对其做出明确的判断，这并不能视为违反了排中律。比如："银河系内是否有适合人类生存的星球？"这类科学研究型的问题现在人们还不能做出明确的回答，所以这一问题并不属于违反排中律。

还有一种情况，如果是出于实际情况的考虑，不宜做出明确表态或判断的时候，对这些事情给予模糊的断定时，也不属于违反了排中律的情况。

举一个例子，著名的法国革命家康斯坦丁·沃尔涅想到美国各地游历，便去找当时的总统乔治·华盛顿，希望对方能给自己提供一张适用于全美各地的介绍信。华盛顿觉得开这样一张介绍信不妥，但又不好直接拒绝他，便想了这样一个办法。他在一张纸条上写了这样一句话："康斯坦丁·沃尔涅不需要华盛顿的介绍信。"然后把这张纸条交给了康斯坦丁·沃尔涅，顺利解决了这一难题。

在这里，华盛顿写的这句话既可以理解为"康斯坦丁·沃尔涅即使不需要华盛顿的介绍信也可以周游美国"，也可以理解为"康斯坦丁·沃尔涅需要华盛顿开介绍信，所以这张纸条不作数"。事实上，华盛顿就是用一种含糊的态度来让自己摆脱两难境地，虽然也是属于"不置可否"的形式，但因为这是出于外交的实际情况考虑，所以不算违反了排中律。

除此之外，排中律的"排中"指的是排除第三种情况，只在两种情况之间做出判断。那么，如果实际情况中确实存在第三种情况，那么同时否定其中两种，同样不属于违反排中律。比如《韩非子》中"东郭牙中门而立"的故事，

就属于这种情况。

  故事是这样的：齐桓公准备确立管仲的尊贵地位，便对群臣说："我准备立管仲为仲父。赞成的进门后站在左边，不赞成的进门后站在右边。"东郭牙却在门中间站着。齐桓公问他为什么，东郭牙反问："凭管仲的智慧，能谋取天下吗？"齐桓公说："能。"东郭牙又问："凭他的果断，是敢于干一番大事的吧？"齐桓公说："敢。"东郭牙再问："如果他的智慧能够谋取天下，果断足敢干成大事，您把国家权力全部交给他，想要以管仲的才能和您的权势来治理齐国，您难道没有危险吗？"于是，齐桓公就命令隰朋治理朝廷内部的事务，管仲治理朝廷外部的事务，使他们相互制约。

  在这个故事中，东郭牙既没有站在左边，也没有站在右边，也就是既没有明确表示赞同立管仲为仲父，也没有明确表示反对立管仲为仲父。虽然互相矛盾，但还存在"站在中间"的第三种情况。他选择了第三种情况，即在某种程度上表示赞同或反对，或者说表示部分赞同或反对。所以，东郭牙的"中门而立"并不违反排中律。

  可见，排中律只是一种规范人的思维活动的基本规律，它只规定同一思维过程中互相否定的两个概念或判断不能同时为假，但并不否定客观事物发展过程可能存在的过渡阶段或中间状态，因此在运用时要学会随机应变。

4 充足理由律：你还有机会

关于充足理由律，其提法源于17世纪末18世纪初的德国哲学家、逻辑学家莱布尼茨。简单来讲，这条规律说的就是：任何判断都必须有（充足）理由。对此，莱布尼茨还在《单子论》中说："我们的推理是建立在两个大原则上，即是（1）矛盾原则……（2）充足理由原则，凭着这个原则，我们认为任何一件事如果是真实的或实在的，任何一个陈述如果是真的，就必须有一个为什么这样而不那样的充足理由，虽然这些理由常常是不能为我们所知道的。"

老板的算法

网络上有这样一个段子，一公司员工向老板请假，结果被老板拒绝，原因是这样的：

"老板，我明天想请一天假。"

"请假？咱们来算算啊。一年里有365天，52个星期，你已经每星期休息2天，共104天，还剩下261天工作。没错吧？"

"对。"

"你每天工作8小时，也就是说有16小时不在工作，那一年又去掉了174天，还剩下87天，是吧？"

"是。"

"然后，你每天至少要花30分钟时间上网、去厕所等，加起来每年23天，剩下64天，是吧？"

"嗯。"

"剩下64天中,你每天午饭时间花掉1小时,又用掉了46天,现在还有18天,我算得没错吧。"

"对……"

"通常情况下,你每年还要请2天病假,这样一来,你的工作时间就只剩下16天了,对吧?"

"嗯……"

"咱们每年有5个节假日公司休息不上班,那你只干11天。"

员工无语……

"每年公司还慷慨地给你10天假期,算下来你就工作1天,而这一天你还要跟我请假!!"

…………

从表面上看,这个老板的计算过程好像合情合理,但他说出的结论却与实际情况截然相反。而出现这种情况的原因,就是因为他用虚假的前提推出了一个错误的结论,违反了充足理由律这一基本逻辑原理。

违背充足理由律的逻辑错误

现实生活中"言之有理、以理服人"等,就是充足理由律的体现。要求我们必须摆事实、讲道理,持之有故,否则就违背了充足理由律。即在思维的论证过程中,要确定一个判断或论点是真实不虚的,就必须有一个充足的理由。如果缺乏充足的理由,那就没有论证性,违反了充足理由律。其中,关于违背充足理由律的逻辑错误主要有三个方面:毫无理由、理由虚假和论证错误。

毫无理由

没有讲明任何理由,就直接下结论。比如网上有人骂某网红抄袭,却不做技术对比也不提供任何具体抄袭证据,只是一味骂人抄袭,甚至对对方做出人身攻击的行为。这就是犯了违背充足理由律的逻辑错误。

举一个例子,一个外国人到中国旅行,回国后带了几包茶叶,并对妻说:"闲暇时品一品中国的茶,真是一种享受啊!"妻子很快烧了一大锅水,然后把一大包茶叶倒进水里。几分钟后,她把茶叶从茶水里捞出来盛到盘子里端给丈夫,说:"那我们来品茶吧。"

在这个例子中,这个外国人就是犯了"毫无理由"的逻辑错误,他只告诉妻子一个"品中国茶是一种享受"的推断,而没有给出"为什么是享受"的理由,结果就闹出了笑话。

理由虚假

所谓"理由虚假"是指在同一思维过程中,以主观臆造的理由或错误为根据得出推断,从而犯的逻辑错误。我们来看这样一个故事:

有个人去演讲,他上台后问听众:"大家知道我今天要讲什么吗?"大家齐声回答:"知道!"这人就说:"既然你们都知道了,那我就不讲了。"说完就要下台,听众一看,马上又喊道:"不知道。"这人听后,叹了口气说:"既然你们什么都不知道,那我还讲什么呢?"说完又要离开讲台。这回听众学乖了,一半人喊"不知道",一半人喊"知道"。结果这人看了看台下的听众,笑着说:"很好,既然如此,那就请知道的人讲给不知道的人听吧。"然后走下了讲台。

在这个故事中,这个演讲的人就犯了"理由虚假"的错误。他只根据听众回答的"知道"或"不知道"就断定他们"完全懂得"或者"完全不懂"自己要讲什么。而这个显然都是他主观臆造出来的虚假理由,所以必然会得出错误的结论。

论证错误

这里说的是:给出的理由真实,但它同推断却并没有必然联系,从而导致理由推不出结论,也就是论证的过程有问题。

比如:"因为他书读得太多,所以思想越来越复杂,进步越来越慢。"在这里,"书读得多"显然和"思想复杂""进步慢"不存在必然联系,所以这一推理毫无事实根据。又比如:"黄铜不是金子,黄铜是闪光的,所以凡闪光的都不是金子。"这里给出的理由"黄铜不是金子""黄铜是闪光的"虽然都是事实,但它并不能推出"凡闪光的都不是金子"这一结论,这就表示论证的过程有问题,属于论证上的错误。

　　作为逻辑的基本规律之一，充足理由律和同一律、矛盾律、排中律既相互区别又有着密切的联系。其区别在于，这些规律都是从不同的角度来规范同一思维过程的，各有各的特点；而联系则在于，不管反映的是思维的确定性还是论证性，都是我们思维活动的规范，只有遵循这些规律，才能避免逻辑错误，得出正确而有效的结论。

第二章
形式逻辑：让人明辨是非的逻辑

1 概念

一个人如果不讲逻辑，那么他只能依靠直觉、印象、情绪、情感等进行判断，很可能会得出错误结论，很多聪明的动物就是依靠本能或直觉做出判断的，但人类毕竟不是低等的普通动物。

不管知识浅显或高深，实质上都是一种判断罢了。而逻辑就是判断工具，帮助思维进行有效判断。人类目前发展出了五大逻辑体系：形式逻辑、数理逻辑、实证逻辑、辩证逻辑和系统逻辑。生活中常见和常用的逻辑主要是形式逻辑和辩证逻辑两种，不过多数人只是掌握了部分形式逻辑的判断方式，今天要讲的就是形式逻辑。

形式逻辑概念

形式逻辑也叫普通逻辑，是我们认识事物、表达思想时经常运用的一种必要的逻辑工具。要实现对客观世界的反映，就要实现思维内容和思维形式的统一，思维内容反映的是对象及属性，形式是反映方式，比如用词语表达的概念、用语句所表达的判断、用复句表达的推理等。

恩格斯说："关于思维过程本身的规律的学说，即按什么方式来思考物体。"思维是什么呢？逻辑学上的解释是："思维的本质是一种反映过程。"比如思考问题时，要用语言阐述脑袋中的想法。思维过程就是了解概念、做出判断、进行推理的过程，即概念、判断、推理。

比如：因为1＜2，又因为2＜3，所以1＜3，以上就是一个了解概念，进而做出判断的过程。概念、判断、推理关系密不可分,如果不了解概念,就难以做出判断,间接影响到无法进行推理。

概念的理解

有些人在解决问题时,很难做出判断与推理,主要原因是对概念了解不够深刻。逻辑学对概念的研究需要遵循一定逻辑规则,就好似盖房子前的地基规划,是十分讲究的东西。

所有知识判断的开始都是从最浅的层面进行描述的,比如,红苹果很甜,这个苹果很红,推理一下,苹果很甜。"红苹果很甜"就是事先给出的概念。所以说,关于概念,很重要的一点就是"概念必须明确"。

如果概念不明确,人与人之间就失去了交流的基础。而明确概念要做到明确概念的实际意义和延伸意义,这两方面都搞清楚了,概念才能算真正明确。

比如,现在各种网络流行语,它们就是一种概念的存在,"马甲、砖家、GG"等,这些词语除了有原本的意思,更多了几种其他的理解方式,因为含义的多样性,导致了概念不明确,因此在网络中经常会出现因为对一个词语的理解不同而互相谩骂。

更有甚者,故意钻概念的空子,撇开大家约定俗成的范围,恶意破坏人际沟通的原则性,本属于逻辑的概念,被歪曲用到了诡辩中。

概念还原

张先生是一个个体户,他以5万元的价钱,购买了李先生公司下属部门的一座废弃楼房。

不料3年之后,这个地块需要拆迁,按照政府的政策规定,拆迁后,张先生可以获得一大笔拆迁补偿费,数额远远高于曾经买房的5万元。

李先生一看,那家伙当初花5万元买走的房子,现在拆迁竟然给了几十万。眼红之下,李先生告知张先生,声称自己当年卖出的不是整座楼房,而是底下一层的房间,但张先生不接受这样的说法,双方闹上法庭。

李先生要求张先生返还拆迁补偿费相等数额的"不当得利",而张先生则认为房子购买后,已经归自己所有,补偿费都是自己的。

法院根据二人提供的资料，展开详细调查后发现：当年的卖房合同上签订的的确是以整座楼房为交易对象，但是登记的是底层的房间数，而当地的房屋交易习惯以底层的房间数来进行登记，因此张先生的拆迁补偿费是"正当得利"，李先生的诉求被驳回。

案例中的李先生想用登记的底层房间数来证明自己的说法是正确的，在明面上来看，他的说法确实正确，但是法院根据特定的概念，从特定的交易环境中还原了概念的真实性，从而做出了合理判断。

正确而合理的概念，要求概念符合同一性原则，只有这样才能够避免模棱两可的情况出现。

概念的限制性和概括性

概念的限制性是指在一定的范围内给出相应的概念，就好比在宏观力学的范围内，牛顿力学是完全适用的，但是放到微观的粒子环境下，就颠覆了人们对经典力学的认知。而概念的限制性，更是对其"要求明确"的进一步补充。

看什么电影？

一对情侣相约周末去看电影，在电话中他们这样对话。

男："周末休息，有活动。"

女："什么活动？"

男："浪漫活动。"

女："什么浪漫活动？"

男："看电影。"

女："什么电影？"

男："美国大片。"

女："什么美国大片？"

男："看《复仇者联盟4》。"

男朋友在回答的过程中，对自己的回答进行限制，并没有一口气和盘托出，而正是这样的限制，让女朋友一步一步进行探寻，最后具体到电影上。

概念的概括性是指无法具体描述一个事物时，用一种代词进行概括的方法，也可以是一个句子等，既简便又能够让对方理解真正的意思。比如《教父》中的那句，"我会给他一个无法拒绝的理由"，随后导演的爱马头就出现在了自己的被窝里，求助教父的人也顺利地当上了男主角。

再如，在某些警匪片或者特工片中，两个接头人见面的时候，从来不会直接问："你是不是那谁？"这样问的人基本活不过两集，有水平的人都是用概括性的暗语。

某些概念天生就带着一种歧义，一个词或一个句子可能拥有两个或者更多的意思，不管有意还是无意踩中歧义的陷阱，基本上就要闹出笑话，影响正常的逻辑推理。

一只手与豁嘴

有个媒婆给一男一女说媒，男方一只手有残疾，女方是一个豁嘴。媒婆对男方说："女孩各方面条件都挺好的，就是嘴不严实。"男方听了觉得没问题。媒婆对女方说："男孩各方面都挺好，过日子是一把好手啊。"女方听了很高兴，终于遇到一个过日子的好男人。

见面那天，男人远远看着对面过来一个女人，外形条件很不错，而且拿着小手绢捂着嘴笑，看来对自己很满意；女人看到对面过来一个男人，一只手在背后倒背着，颇有领导风范。

等到两个人走近，互相一看，原来女的用手绢捂嘴是因为她豁嘴，男的走路倒背着手是因为一只手有残疾。

于是两个人都开始责怪媒婆，媒婆觉得自己可冤枉了："这事不赖我，我不是都告诉你们了吗？一个嘴不严实，一个是一把好手，现在我倒落下不是了。"

媒婆实际上并没有说错，只是她在说媒的时候，为了提高两人成功牵手的概率，没有把"一只手残疾"和"豁嘴"的概念说清楚，将其美化了。

2 判断

判断的理解

判断是一个逻辑学名词,是对思维对象是否存在、是否具有某种属性以及事物之间是否具有某种关系的肯定或否定。当人以判断形式确定概念之间的特定关系时,就是在进行判断。长期以来,人们积累下了各种固有知识,例如,二十四节气歌与农民的耕种和生活之间的关系。如果没有逻辑思维中的判断,正常的解释活动就无法进行。

说到"判断",大家可能会想到另一个词语:"命题",这是两个相互关联的逻辑术语,命题是陈述一种或真或假的思想,在传统逻辑中,命题是判断的语言表达,有时候传统逻辑也把判断直接当作命题,确定的结论也可以做判断。

区别:一般来说,判断都是命题,判断是经过断定的命题,但所有的命题不一定都是判断。命题的外延比判断大。判断侧重于内容,命题侧重于形式。命题和判断在细分上属于不同的领域。

联系:在一般的逻辑思维中,两个概念不做严格区分,都表示思维对象的断定。

判断的分类和特征

判断分类时基于不同类型的推理而做出,比如直言推理、联言推理、选言推理、假言推理等，相对应的判断是直言判断、联言判断、选言判断、假言判断等。无论何种判断，判断都是一种对思维对象肯定或否定的思维形式。

判断是以语句来表达，句中主语指判断的事物，谓语是判断事物的情况或关系，判断是在概念的基础上在头脑中进行分析与综合的过程，所以判断和概念密不可分。

判断存在两个特征：第一，必须对事物进行断定，如果对事物既不肯定也不否定，那就是疑问，不是判断；第二，同命题一样，判断也存在真假，如果一个判断符合客观事实，判断就是真的。因此，判断真假的唯一标准就是实践。比如，"地球围着太阳转"这是真判断，"太阳围着地球转"是假判断。

临汾战役

解放战争时期，徐向前元帅指挥晋冀鲁豫等部队6万人，对山西临汾发起了进攻。战斗开始之后，敌人依靠有利地形疯狂抵抗，敌我双方都付出了巨大的牺牲。

在战役最艰难的时刻，有些部下开始沉不住气，私下开始议论临汾到底能不能拿下。这些话传到了徐向前的耳中，他立刻召集干部开会，在会上，徐向前根据目前的敌我态势做出了客观分析，然后做出重要判断："我们最困难的时候，也是敌人最困难的时候，我们的意志力出现了动摇，敌军此时更是感到了绝望，所以，只要坚持到底，就能取得胜利。"

徐向前元帅的正确判断极大地鼓舞了我解放军战士的士气，在艰苦战斗72天之后，国民党守军被全歼，我军取得了临汾战役的胜利。

"我军困难"和"敌军困难"是对称的逻辑，徐向前元帅根据自己多年的打仗经验，证明了结论是：谁坚持，谁就胜利，因而做出"坚持到底"的正确判断。

3 推理

推理的理解

推理是由一个或几个已知的判断，推导出未知结论的过程。形式逻辑下的推理形式有演绎推理、归纳推理、类比推理三类。其中演绎推理包括联言推理、选言推理、假言推理、假言联言推理、假言选言推理等。归纳推理包括完全归纳推理和不完全归纳推理。类比推理包括性质类比推理和关系类比推理。（由于涉及的面比较广，这里只介绍结构上的关系，无法展开，后面内容会有介绍。）

要对我砍头

从前有个国王，他准备把监狱中关押的一批囚犯处死。处决的方式有绞刑和砍头两种，国王为了体现自己是一个明智民主的君主，决定让囚犯自己随意选择一种死亡方式，死亡方式的选择还有一个规则，以囚犯说的话的真假性来选择：囚犯说一句话，国王派人验证这句话的真假性，如果为真，就采用绞刑，如果为假，就采用砍头。

一部分囚犯说了真话，被处以绞刑；一部分说了假话，被砍头；还有一部分囚犯说的话不能够马上验证真假，于是都当作假话来处理而被砍头；还有一部分讲不出话的囚犯，他们被当作说真话而被绞死。

国王非常得意，因为没有人可以逃出自己设下的逻辑圈套，无论如何，不是绞死就是砍头。

可是有一个囚犯跟其他人不一样，当行刑人问他话的时候，他说："要对我砍头。"行刑官一听这话，愣了半天，还真下不了手啊，于是禀告国王。国王心想："如果真的砍头，那说明他说的话是真的，那就该采用绞刑。可是如果对他采用绞刑，那么他说的话就应该是假的，可是假话应该砍头的呀。可随便选一种方法，那岂不是说话不算数吗？这会失信于人民。"

国王十分纠结，砍头不能，绞刑也不能，最后干脆把这个囚犯放了。

如果砍头，国王失信于人民；如果绞死，国王也会失信于人民；或者砍头，或者绞死，都会失信于人民。从推理逻辑上来看，囚犯给国王造成了一种难以选择的推理形式，我们称之为二难推理，即怎么做都不合适的推理模式，这是逻辑推理中的一种简单推理形式。

形式逻辑的推理漏洞

形式逻辑看似完美，实际上它的逻辑推理中存在漏洞，而且是致命的漏洞：形式逻辑中概念判断的正确性是其关注点，但是在这之前还有个大前提设定是否合理的问题。设想一下，你是一个逻辑学家，有一天你从一个概念出发，在形式逻辑的黏合下，用概念组合成了一座哲学大厦，可有一天，别人突然发现你这座大厦的基础概念是错误的，而且给出了证明，也就是说你的大厦整个都是在错误的基础上建立起来的，然后轰然倒塌。

这个形式逻辑的巨大漏洞被发现后，实证逻辑才发展起来。

形式逻辑有漏洞不假，只要能清楚地掌握形式逻辑，认知漏洞，有意识地防止漏洞带来的伤害，就可成为一个明事理的人。不至于遇事再依靠印象、直觉、观念或情绪去做出判断，比如：别人都买房子，咱没钱也贷款买，别人都去那个景区旅游，咱也去。然后成为房奴，或者旅游看人不看景。

当今网络舆论动力十足的时代，我们更要掌握形式逻辑，明白概念，准确判断，做出正确推理，明辨是非，避免被人强行带节奏。

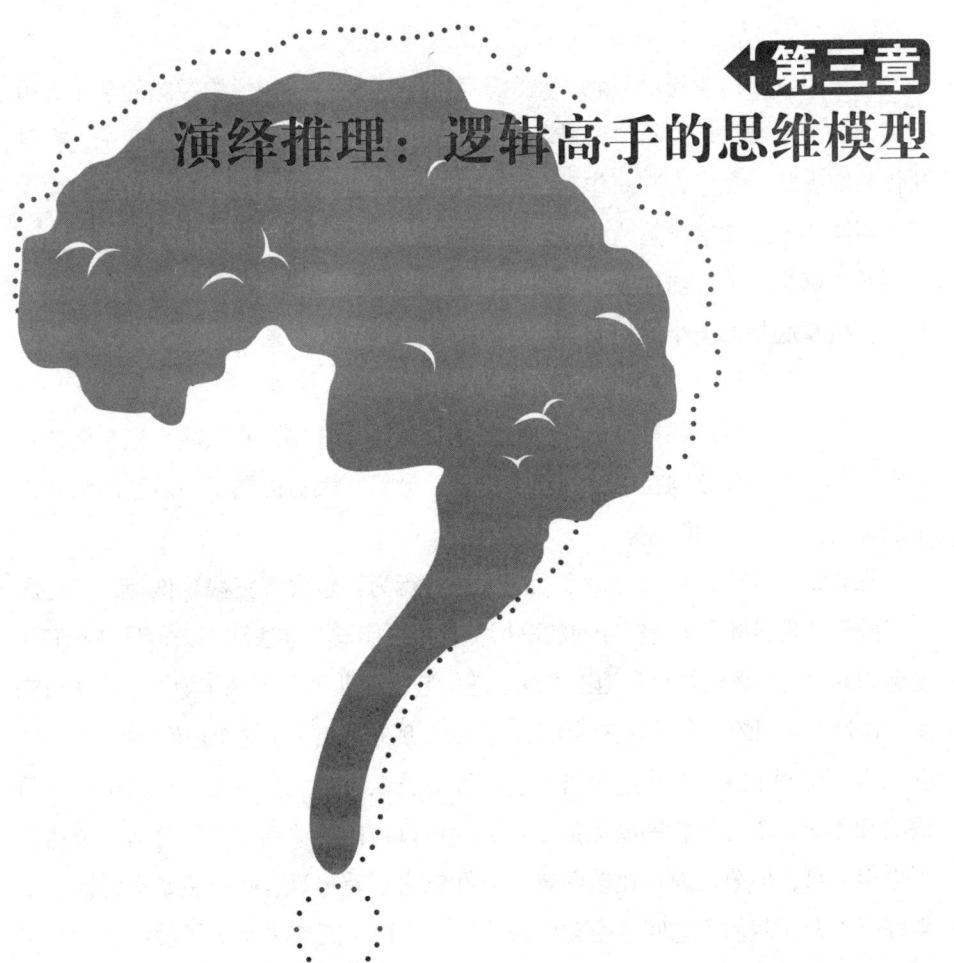

第三章
演绎推理：逻辑高手的思维模型

1 三段论推理

"三段论"的逻辑学概念,是由著名的古希腊哲学家、柏拉图的学生亚里士多德提出来的,是逻辑学中最基本的推理方法。它主要是一种由两个直言判断作为前提和一个直言判断作为结论而构成的推理,其中包含有(而且只有)三个不同的项。就拿最熟悉的一个例子来说:

凡人都会死(大前提)。

苏格拉底是人(小前提)。

所以:苏格拉底是要死的(结论)。

这是一种最常用的推理形式,其基本规则是:首先,它只能有三个概念;其次,每个概念会分别在两个判断中出现;最后,大前提属于一般性的结论,小前提属于一个特殊陈述。

在日常生活中,可以说每个人的大部分行为都包含着三段论推理,一旦离开三段论,我们将无法进行任何的事情,甚至可能没有办法活下去,只是我们并不会如此明确或者说是自觉地去发现、总结它,而亚里士多德作为一个哲学研究者,通过对人们的行为背后进行研究,进而发现并总结出了这个逻辑规则而已。

举一个例子:某公司人事管理者在辞退员工时,大多不会直接指出对方的缺陷和不足,而是会找一些无损于对方的借口,比如"你工作很努力,公司上下也很认可,但公司现在比较困难,只好忍痛割爱"等这些冠冕堂皇的话,说得好听点儿,我们管它叫"善意的谎言",表面上看起来是为了被辞退的员工好。但根据三段论的推理,我们就会发现,事实并非如此。

首先,善意的谎言也是谎言,而作为谎言本身,其前提自然是与诚信相悖的，所以，无论谎言是否出于好的目的，作为谎言本身必然会有碍于诚信，逃脱不了欺骗性等本来面目。其次，善意的谎言在结果上未必就是对当事人有利的，就像在这个例子中，这种"善意的谎言"并不会让该员工改正缺点更好地工作，可以说对对方是毫无益处可言的。

善意的谎话

美国前总统卡特第一次竞选总统时，一个地方电视台的记者采访他的母亲。记者问："卡特在前几天的竞选演讲中表示自己从来没有撒过谎，如果有美国民众发现他说过谎，就可以不投他的票。您作为他的母亲，您能保证他真的没有撒过谎吗？"

卡特母亲回答："谁能够保证一辈子不撒谎呢？即使卡特撒过谎，我也相信他那是善意的谎言。"

这次采访对于记者来说是一次绝好的成名机会，如果她能够挖出一些猛料，就有可能一举成名。于是记者接着追问："什么是善意的谎言呢？谎言还有善意的吗？您可以举几个善意谎言的例子吗？"

卡特母亲回答："他的善意谎言我忘记了，我记得自己说过的善意谎言。"女记者赶紧逼问："那您就说一下吧。"

卡特母亲说："刚刚你来采访我的时候，我夸奖你很漂亮，这就是善意的谎言。"女记者一听到这话，立马生气地说："您这是在讽刺我吗？"卡特母亲说："孩子，难道直接说你难看，你就高兴了吗？我对你说的话就是善意的谎言，所以说，有时候谎言就是善意的。"女记者一时无语。

卡特母亲通过善意的谎言直接堵住了记者的嘴，用三段论分析一下：这句话是善意的；这句话是谎言；所以，所有的谎言都是善意的。

常犯的错误

从思维过程来看，任何三段论都必须具有大前提、小前提和结论，缺少其

中任何一部分都无法构成三段论推理。但在我们的日常生活中，人们却常常把三段论中的某些部分省去。

省略大前提，比如："你是经济学院的学生，你应当学好经济理论。"这里就省略了大前提"凡是经济学院的学生都应该学好经济理论"。

省略小前提，比如："企业都应该提高利润，民营企业也不例外。"这里省略了小前提"民营企业也是企业"，其完整的句子应该是："企业都应该提高利润，民营企业也是企业，所以，民营企业应该提高利润。"

省略结论，比如："所有人都会死，你也是人。"这里省略了"你也会死"。其完整的句子是："所有人都会死，你也是人，所以，你也会死。"

逻辑推理是一种非常严密而科学的推理，谎言再美，但它还是背离了诚信原则，这是大家都认可的判断，这就是最简单的三段论推理。生活中，如果有人试图证明"善意的谎言无碍于诚信"，那他们就必须先推翻"谎言背离了诚信原则"这一初级逻辑判断。

2 假言推理

学过中学数学的人都知道"真假命题""充分条件""必要条件""充分必要条件"等概念,而逻辑推理还真有点类似于数学所学。百度百科关于"假言推理"的定义是:根据假言命题的逻辑性质进行的推理。分为充分条件假言推理、必要条件假言推理和充分必要条件假言推理三种。

规则与形式

根据充分条件假言命题的逻辑性质进行的推理就是充分条件假言推理。这种推理方式有两条规则:

1. 肯定前件,就要肯定后件;否定前件,不能否定后件。
2. 肯定后件,不能肯定前件;否定后件,就要否定前件。

根据这两条规则,充分条件假言推理正确的形式应当如此:1. 肯定前件式:A到B。

如果A,那么B,即满足A的条件下,B成立。2. 否定后件式:A到B,如果非A,则B成立。例如:如果谁虚心学习,那么他就会进步,小张虚心学习,所以小张必定进步,这就是肯定前件式;如果谁感冒,他就一定会发烧,小张没发烧,所以小张没感冒。

同理,必要条件假言推理是根据必要条件假言命题的逻辑性质进行的推理。它也有两条规则:

1. 否定前件,就要否定后件;肯定前件,不能肯定后件。

2. 肯定后件，就要肯定前件；否定后件，不能否定前件。

正确的形式：

1. 否定前件式：只有A，才B。非A所以，非B。

2. 肯定后件式：只有A，才B。A满足，所以B。

例如：只有年满18岁，才算成人，小张不到18岁，所以，小张没有成年，这是否定前件式；只有选用优良品种，白菜才能丰收，白菜丰收了，所以，这些白菜选用了优良品种，这是肯定后件式。

充分必要条件假言推理是根据充分必要条件假言命题的逻辑性质进行的推理。充分必要条件假言推理有两条规则：1. 肯定前件，就要肯定后件；肯定后件，就要肯定前件。2. 否定前件，就要否定后件；否定后件，就要否定前件。

酋长遇刺

一位非洲酋长出访欧洲，某天上午11点左右，当酋长乘坐敞篷车行驶至中心大厦时，突然有人在10秒时间内连开5枪，3颗子弹击中酋长要害。案发后警察根据弹道轨迹确定，枪手是在中心大厦五楼进行射击的。经过一番封锁排查，最终逮捕了一个名叫马丁的嫌疑犯。

"凭什么抓我？我是大厦的工作人员。你们有什么证据证明人是我杀的？"马丁被抓时大声喊叫。"你别假装冤枉了，案发当天11点钟，你在五楼逗留，这就足以证明一切。"警察呵斥道。

马丁解释："那天我在五楼办理业务，而且五楼那么多人，偏偏我就是凶手？"警察说："我们发现你之前用'南希'这个假名字购买了一支65毫米卡宾枪，这说明你早有预谋。"

"我用'南希'这个名字买枪是因为我本人的证件丢失了，所以用我太太的名义买的，这有什么不正常的地方吗？难道我有枪我就是凶手？"马丁反驳道。

"我们调查了你的档案，发现你曾经获得过射击比赛特等优秀射手奖，所以只有你这种精于射击的人，才可以在10秒钟内连开数枪。种种迹象表明，你

第三章 / 演绎推理：逻辑高手的思维模型

就是杀人凶手。"警察摆出了证据，马丁则大声喊冤。

法庭上，马丁的律师将警察的指控全部驳倒，最终法官认定警察的指控缺乏证据，马丁被无罪释放。

在常人看来，警察的指控似乎合情合理，换作我们任何一个人都会认为马丁就是凶手，可警察的指控为什么站不住脚呢？其实是警察的推理出现了问题，他们没有遵守假言推理中必要条件和充分条件推理的基本规则。

警察第一个指控："只有当时在五楼的人才是凶手，马丁当时在五楼逗留，所以他是凶手。"后件："马丁是凶手。"律师对于这一条的反驳是：必要条件推理不能从肯定前件推出肯定后件，所以这个推理无效。

警察第二个指控："凶手有65毫米卡宾枪，马丁有这样一支枪，马丁是凶手。"律师反驳："充分条件推理下，不能从肯定后件推出肯定前件。"这个推理无效。

警察第三个指控："优秀射手才能在10秒钟内连开5枪，马丁是优秀射手，所以他可以做到。"马丁反驳："必要条件推理的肯定前件式推理是无效的推理。"

警察认为能够给马丁定罪的三个推理无一正确，因缺少证据，马丁被判无罪。

生活中我们要多学习逻辑推理规则，否则即使明知马丁是杀人犯，却不能拿出铁证对其进行惩罚，看着凶手逍遥法外，真是气死人不偿命啊。

3 选言推理

选言推理：至少有一个前提作为选言命题，并根据各选言命题之间的关系而进行的演绎推理。一般都是两个前提和一个结论，例如：

这首诗要么是李白的作品，要么是白居易的作品。

这首诗不是白居易的作品。

这个例子前提是选言判断，结论是直言判断，这是选言推理的直观体现。选言推理是一个从一般到特殊的过程，前提和结论之间存在必然联系，说到底，此推理是一种演绎推理。下面我们通过一个小故事来直观感受一下。

妙取贼赃

娄队长和小张到某个小镇调查一宗案件，两人正准备在路边小店吃早饭时，突然发现不远处的路边躺着一个人。两人见状，急忙跑过去查看情况，那是一个女大学生，脖子上还在流血，他们赶紧先把人扶起来，准备送往医院处理伤口。

一看到两个警察出现在面前，女大学生痛苦地说："我等红灯的时候，有个男的突然袭击抢劫我，把我刺伤在地，抢走了自行车和背包，逃跑了。"说罢，她还痛苦地用手指了指路前方。

将女孩交给120救护车后，娄队长先向当地派出所报告情况，请求派出警力支援，然后和小张一起沿着女孩所指方向小心查找线索。

走不多远就遇到了一个岔路口，两条路都是上坡，路面上都是黄沙，沙上都有自行车的轮胎痕迹。两人顿时犯难了，该顺着哪条路寻找呢？

娄队长仔细查看了两条路上的轮胎痕迹，发现左边的前后轮胎痕迹深浅几乎相同，而右边的前轮痕迹明显比后轮浅。就在小张还发愁的时候，娄队长的嘴角却微微上扬，他的心里已经明白了。"凶手一定是从左边这条路逃跑的！"娄队长肯定地说。

不久之后，大批警察赶到路口，他们顺着左边的道路追查，果然在不久之后抓到了凶犯。

娄队长根据什么线索判断出凶犯是从左边道路逃跑的呢？实际上他就是运用了选言推理。凶犯从左右两条路逃跑是两种不同的情况，如果判断失误，就会追错方向。两条路都是上坡路，左边的前后轮胎痕迹深浅几乎相同，右边路前轮痕迹较浅。推理到普通人骑车，上坡时应该前轻后重，而凶犯逃跑的时候遇到上坡路，必然拼命加速前进，身体使劲向前倾，就造成了前后轮胎痕迹深浅几乎相同。所以，凶犯从左边逃跑。

表现形式

根据"组成前提的命题是否皆为选言命题"，可分为纯粹选言推理和选言直言推理。在普遍使用中，选言推理主要指选言直言推理。

根据"选言前提各选言支之间的关系是否为相容关系"，又可以把选言推理分为"相容的选言推理"和"不相容的选言推理"。

相容选言推理就是以相容选言命题为前提，根据相容选言命题的逻辑性质进行的推理。

相容选言推理有两条规则：1. 否定一部分选言支，就要肯定另一部分选言支。2. 肯定一部分选言支，不能否定另一部分选言支。由此规则我们可以得知，相容选言推理只有一个正确的形式，即否定肯定式：A或者B，非A所以B。另一种表达：A或者B。非B，所以A。

不相容选言推理就是以不相容选言命题为前提，根据不相容选言命题的逻辑性质进行的推理。不相容选言推理有两条规则：1. 否定一部分选言支，就要肯定另一部分选言支。2. 肯定一部分选言支，就要否定另一部分选言支。

不相容选言推理有两个正确的形式，否定肯定式：要么A要么B，非A所以B。

肯定否定式：要么A，要么B。因为A，所以非B。

例如：要么我得冠军，要么你得冠军；我没有得冠军，所以，你得冠军，这是不相容选言推理的否定肯定式。

要么去上海，要么去海南；去上海，所以，不去海南，这是不相容选言推理的肯定否定式。这两个推理都是正确的，都符合推理规则。

如果之前你只是在行为常识上明白了为什么娄队长选左边那条路追查凶犯，那么这时就可以真正地运用一下选言推理了，得到的结果绝对是一致的，而实际上通过常识来判断的能力，其基础就是一种选言推理的逻辑思维能力，比如在福尔摩斯破案线索查找中会经常用到此方法。

选言推理在生活中的表现范围十分广泛，大到刑事案件，小到生活选择等都可以用到，有些科学研究也需要它的帮忙。因此掌握这样一门逻辑推理方法，对于生活来说是有益无害的。

4 联言推理的妙用

林肯演讲

林肯是美国第16任总统，因废除美国农奴制而举世闻名。有一次林肯前往农奴制盛行之地——伊利诺伊州南部，进行演讲以竞选总统，当地的权势奴隶主对林肯存在偏见，决定趁此机会给林肯一个下马威，而且林肯可能面临生命危险。面对这样的威胁和困境，林肯没有被吓倒，他坚信自己一定可以成功完成演讲。

演讲开始，林肯先讲起了开场白："我听说你们中有很多人想给我个下马威，我不懂你们为什么要这样做，或许认为我此次前来是为了抹灭你们的利益吗？如现在所见，我很真诚，我同你们一样，曾经也是一个地位低下的普通人，今后也将是。我们不需要针锋相对，需要做的是互相了解对方，没有人会给大家带来不必要的灾难和麻烦，我跟你们都是朋友，你们的梦想也是我内心真诚想要的协商，我跟你们一样，相信大家可以坦诚相待。因为我们都是兄弟。"

开场白一结束，台下就像炸了锅一样沸腾起来，大家纷纷议论："这个人不是为了剥削我们的利益，他说话很真诚贴切，他跟我们一样是普通人。"有一些之前声称要给林肯下马威的奴隶主也开始对林肯表达倾心之情。

故事讲完了，你一定很好奇，林肯不就是简单说了几句拉关系套近乎的话吗？为什么会起到如此好的效果呢？要了解这其中的奥秘，必须先了解一下什么是"联言推理"。

表现形式

前提或结论为联言命题,根据联言命题逻辑性质进行的演绎推理就是联言推理。

联言推理有两种正确形式:1. 联言推理合成式:由全部联言支的真,推出联言命题的真。例如:"人类由细胞组成;玫瑰花由细胞组成;所以,人类和玫瑰花都由细胞组成。"

推理形式是:A,B,所以A且B。

该推理的前提是联言命题,结论为该联言命题的一个或多个联言支。

2. 联言推理分解式:由联言命题真,推出其联言支的真。例如:"犯罪的时候不满18周岁的人和审判的时候怀孕的妇女,不适用死刑;所以,审判的时候怀孕的妇女,不适用死刑。"

推理形式是:A且B,所以A(或者B)。

反过来讲,如果把联言命题这个前提作为结论,则前提就是各个联言支。

那么我们再回过头来分析一下林肯的演讲内容,看他是如何获得大家认可的。首先他说明有人想给自己下马威,这说明双方之间是有分歧的,这是不同之处;后来他又表明自己以前也是普通民众,这在我们看来就是一种拉关系的做法,其实是在寻找双方的相同点,并且他用了大量话语来陈述这个点,最后说"我们都是兄弟"。

这个套路明显符合联言推理分解式的推理形式:我们有不同的地方,我们有相同的地方;所以,我们有相同的地方。

林肯是何等精明之人,自然知道把这个"我们有相同的地方"的结论加以夸大,台下的听众自然把注意力集中到这里来,由反对转而变为支持。

联言推理的把戏在我国古代早有涉及,有一个很典型的联言推理:"兵不在多而在于精,所以,兵在于精。"学会联言推理,掌握说话之道,每个人都可以做到和林肯一样,在长篇大论中给人"洗脑"。

5 直接推理

在"直言判断的推理"下有两个分类:直言判断的直接推理和直言判断的间接推理。这里我们先了解前者,直接推理是在一个前提的基础上进行,从而得出一个直言判断结论的推理。

谁的相机

某人家被盗贼偷窃,丢失了一部价值不菲的照相机,接到报案后,民警迅速行动,很快锁定张文远为犯罪嫌疑人。民警对其住所进行搜查后,发现一台照相机,据张文远交代,这台照相机不是自己偷来的,而是买来的。

法庭上,法官问张文远:"你说照相机是你买来的对吗?""是的。""那相机的发票呢?"法官接着问。"这台照相机我买了好几年了,一直在用,发票早找不到了。"张文远回答道。

"那你能详细描述一下这款照相机的特征、信息吗?"根据法官的要求,张文远将相机的产地、功能等一一介绍。

面对嫌疑犯的对答如流,稍微思索了一下之后,法官话锋一转:"刚才你说这相机已经买了好几年,一直在用,可不可以现场打开相机,给我拍个照呢?"

张文远心想这种简单的要求这辈子都没听过,赶紧回答:"行,没问题,如果我能做到,证明这相机是我的对吧?"

法官笑笑:"如果你能打开相机,这不一定是你的;如果你打不开,就一定不是你的。所以你先打开,咱们再说别的。"

张文远鼓捣了半天，脑门都冒汗了，也没有打开相机。"我很久没用过了，忘记怎么开了。"他心虚地说。

"你刚才不是还说自己一直在用吗？怎么会忘了开关在哪儿呢？"法官疑问道。随后将相机给失主，失主很轻松地打开了相机，并且可以提供购买时的发票，发票上的信息也都符合。面对这一切，张文远只得老老实实地认罪。

法官判断相机的归属，用的就是直接推理方法，从罪犯的话语中找到了破绽，要求他打开相机，"打开相机，不一定是你的，如果打不开，就一定不是你的"，这就是法官的直接推理逻辑，这一逻辑直接可以说明相机不是张文远的，加之"打开照相机"和"发票信息符合"两个条件，最终锁定相机的真正主人。

直接推理简单于其他的复杂推理，即从已知命题条件出发，推出另一个新命题，其核心在于发现提供的条件与新命题的关系，能够从条件中寻找破绽，就可以摆脱虚假结论。

我们要明确两个概念。充分条件：A能推出B，那么A就是B的充分条件。必要条件：如果没有A，必然没有B；有A，未必有B，A就是B的必要条件。

张文远认为，"我能打开相机就证明相机是我的"，法官的想法，"因为你一直在使用，如果你打开相机，这不一定是你的；如果你打不开，就一定不是你的"。可以看出前者其实是必要条件，后者是充分条件。张文远试图把必要条件当成充分条件来说，殊不知法官的逻辑思维能力强大。

生活中很多地方涉及直接推理，但是有时候直接推理又与生活格格不入。因为生活是基于现实来看待事物的关系，人们往往不考虑必要性。满足A，B必然成立时，我们在逻辑上表达了条件充分性，但是从实际生活来看，并没有考虑A是不是B必需的条件，例如，"只要活着，就要赚钱"，从逻辑角度看，"活着"是"赚钱"的充分条件。但是人想表达的是对赚钱的渴望程度，你总不能噎人一句"死了就不能赚钱"，这不是人家要表达的意思。

所以直接推理的逻辑严谨性和生活的实际应用是不同的，切勿生搬硬套，以免闹出笑话。

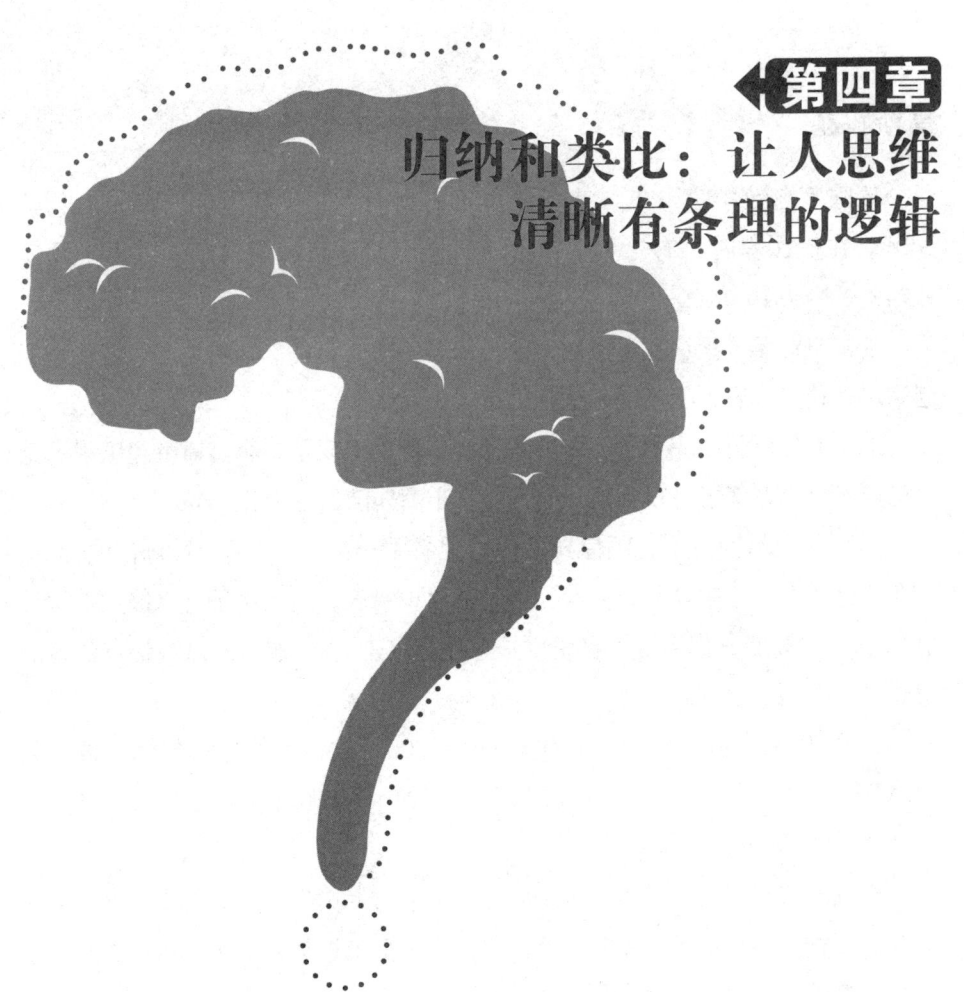

第四章
归纳和类比：让人思维清晰有条理的逻辑

极简逻辑学

1 归纳推理

高斯解题

德国著名数学家卡尔·弗雷德里希·高斯小时候就展现出惊人的数学天赋。在他10岁时,有一天上算术课,老师给全班同学出了一道算术题:1+2+3……+98+99+100=?

老师自己私下里演算过多次,他是知道答案的,并深知要把这么多数字加起来可得费点心思,稍不细心就会出错。

老师刚把题目说完不久,令人意外的一幕就出现了,小高斯举起手来示意自己已经得出答案了,得到老师允许后,小高斯随口报出:5050。

同学们全都愣住了,既惊异又怀疑地看着小高斯。老师不禁暗自吃惊:"我自己挨个加起来算了好多次,还经常出现错误,这个小子怎么能这么快计算出来?""高斯,你来给大家说说是怎样算出来的。"老师的语气带有明显的好奇。

"这道题很简单啊,1到100,一共有100个数,我发现头尾两个数加起来都等于101。两两结合就有50组,所以101×50就是这一百个数的总和,5050。"高斯解释道。

小高斯在解题过程中就是运用了逻辑中的归纳推理。归纳推理的基本流程是从一种个体到一般个体的推理,这是一种由个别事物过渡、推广到较大范围、由特殊具体事例推导出一般性原理的方法。

归纳推理与演绎推理区别

归纳推理往往会与演绎推理相混淆，归纳推理和演绎推理既有区别、又有联系。区别：归纳推理是从个别到一般，演绎推理进程是必然得出结论。

演绎推理可以从一般到一般，例如：从"一切非正义战争都是不得人心的"推出"一切非正义战争都不是得人心的"。可以从个别到个别，例如：从"爱因斯坦不是那个创立'相对论'的爱因斯坦"推出"那个创立'相对论'的爱因斯坦不是阿尔伯特·爱因斯坦"。还可以从个别和一般到个别，例如：从"这个物体不导电"和"所有的金属都导电"推出"这个物体不是金属"。

演绎推理的大前提、小前提必须为真。归纳推理没有此要求，这是两者对前提真实性的要求不同。

演绎推理的结论没有超出前提界定的知识范围，归纳推理完全是从有到无的推广。二者结论所断定的知识范围不同。

演绎推理的前提真实、形式正确，则结论必然为真。归纳推理前提真实，推理形式也正确，但不能必然推出真实的结论。

二者又存在一定的联系：演绎推理通常要依赖归纳推理来提供一般性知识作为前提，而归纳推理又需要演绎推理的已有理论知识来进行佐证，以保证可靠程度，还要依靠演绎推理来验证结论。例如，俄国化学家门捷列夫通过归纳发现元素周期律：元素的性质随元素原子量的增加而呈周期性变化。通过演绎推理发现一些元素的原子量是错的，于是重新安排周期表顺序，并指出周期表中应留出空白位置，预言了未发现的新元素。

逻辑史上曾出现全归纳派和全演绎派，两个派别相互对立，把各自的学说当作唯一科学的思维方法，这两种观点都是片面的。生活中很容易发现有的人比较善于"归纳"，有的人比较善于"演绎"，不同人的思维习惯有不同侧重点。擅长归纳的人理论指导能力强大，擅长演绎的人会考试，成绩好，最好归纳和演绎同步掌握。

恩格斯所说："归纳和演绎，正如分析和综合一样，是必然相互联系着的。不应当牺牲一个而把另一个捧到天上去，应当把每一个都用到该用的地方，而要做到这一点，就只有注意它们的相互联系，它们的相互补充。"

用于归纳推理的方法及作用

归纳推理过程中需要用一定的整理方法，因为科学的结论必要经过加工整理才能形成。整理方法有比较、归类、分析与综合，以及抽象与概括等。

比较法：确定研究对象的共同点和差异点，发现表面差异中的"同"或者表面相同中的"异"，这正是比较法的重要之处。例如：小高斯能够发现头尾两个数加起来都等于101，就是找到了不同数字之间的组合共同点。黑格尔说："假如一个人能看出当前即显而易见的差别，譬如，能区别一支笔和一头骆驼，我们不会说这人有了不起的聪明。"

"同样，另一方面，一个人能比较两个近似的东西，如橡树与槐树，或寺院与教堂，而知其相似，我们也不能说他有很强的比较能力。我们所要求的，是要能看出异中之同和同中之异。"

比较时必须注意：在同一关系下比较，比较的对象要有可比性，不能关公战秦琼，光年做时间。比较时应尽可能地制定一个标准，以便于发现内在规律。小高斯的比较标准就是头尾两个数一组。

归类法：根据归类共同点和差异点按类区分开，可以使杂乱无章的现象条理化、系统化，如此说来，比较是基础。例如：世界上40多万种植物，它们分为四大类（门）：藻菌植物门、苔藓植物门、蕨类植物门和种子植物门，门再往下分可以得出纲、目、科、属、种。

分析与综合：分析是把事物"分解成简单要素"，综合是"组合，结合，凑合在一起"。两者结合起来就是将事物分解成部分、要素，再凑合起来以新形象展示出来。例如：分解一篇英文文章，先是句子、单词，最后到26个字母；反过来，由字母组成单词、句子，再由句子组成文章。

分析和综合在认识方向上是相反的方法，但是两者密切结合、相辅相成。分析是综合的基础又依赖于综合,没有综合为指导,就无法对事物做深入分析。

抽象与概括:抽象是运用思维能力,排除次要非本质因素,抽出主要本质因素,达到认识事物本质的方法。

概括是把本质规律性认识推广到所有同类事物上去的方法。例如:"金属能导电"这一共同的本质被发现后,可把这种共同本质推广到全部金属,概括出"全部金属都能导电"的本质。

归纳推理可以发现新的结论。归纳推理是获得新思路、新发现的一种手段。正如空间中的欧拉公式 $V-E+F=2$,正是通过对四面体、五面体、六面体、七面体、八面体等多面体的归纳,然后推理出一般多面体遵循的等式。尽管归纳推理不能证明一个结论,但是很多时候,一个结论的发现必须借助归纳推理。

归纳推理不仅指导着科研工作,还可以让生活变得更加美好,例如我们可以根据往年同时段的出行车票价格涨跌,归纳推理出今年相同时间内的票价情况;"冬眠的蛇出洞、井水浑浊上涌"等现象归纳可以推理出地震来临;"蚂蚁搬家、燕子低飞"等现象归纳可以推理出一场大暴雨即将来临,可提前做好防灾止损准备。因此归纳推理应用在生活的方方面面,它是一种让生活变美好的推理模式。

2 归纳推理分类

归纳推理不只是一个宏观观念，根据前提所考察对象范围不同，归纳推理又可以分为完全归纳推理和不完全归纳推理。

从自然界到人文社会，总会存在极个别的特殊个体，如果单纯地由大众化入手，很难发现新鲜的特点，研究者往往喜欢从那个最碍眼的角色入手，通过对其特点的掌握，进而做出尝试性推广，发现大众隐藏的规律。这就是所谓的通过认识个别来认识一般的认识顺序，它贯穿一切活动中。

在一个平面内的直角三角形内角和是180度，锐角三角形内角和是180度，钝角三角形内角和也是180度，而这三种包含了全部的三角形种类，所以可以把结论推广到：平面内的一切三角形内角和都是180度。

这个例子从"三种三角形的内角和分别都是180度"的特殊例子出发，推出了"一切三角形内角和都是180度"这样的一般性结论，就属于归纳推理。

归纳推理的前提是其结论的必要条件，且前提必须是真实的，而结论可能为假。例如：守株待兔的故事，第一天你遇到一只撞死的兔子，显然是不能够推出每天都会有兔子撞到树上死掉的，这一结论为假。

归纳推理结论的可信性取决于归纳推理中前提对结论的支持度。小于50%支持度的推理是归纳弱的；小于100%但大于50%支持度的推理是归纳强的；支持度达到100%的是必然性支持。

表现形式

完全归纳推理的逻辑形式：A_1是P；A_2是P；A_3是P……A_n是P（A_1、

A2、A3……An是A类的全部对象）。所以，所有的A都是P。上式中的A1、A2、A3……An，可以表示A类的个体对象，也可以表示A类的子类。比如：男人可以长生不老，女人可以长生不老，男人女人包括了地球上所有人，所以，地球上的所有人都长生不老。上面的A1是P，A2是P，A3是P中的"是"可以改成"不是"，如A1不是P，A2不是P，A3不是P，同样适用。

完全归纳推理的特点在于，它的前提必须无遗漏考察一类事物的全部对象，以确定该类中每个对象都具有某种属性，结论断定的是整个这类事物具有该属性（"具有"可以改为"不具有"），前提的知识范围和结论的知识范围完全相同，完全归纳推理的前提与结论之间存在必然性的联系，前提真实，形式有效，结论必然真实。

根据其特点和定义，完全归纳推理在运用时的要求：前提必须穷尽一类事物的全部对象且都真实，前提与结论之间必须是种属关系。

完全归纳推理具有认识作用：即使它的研究范围具有局限性，但仍然可以提供新知识。因为归纳推理的本质是从个别到一般性认识，完全归纳推理符合这一点。完全归纳推理具有论证作用，人们常常用它来证明论点，例如："这批电脑全部合格""某班前三名都考上了清华大学"等结论。

事物都有两面性，有积极作用就有其局限性，在分析局限性之前，我们先来看一个有趣的小故事。

爷爷让小明去买一盒火柴，并叮嘱他记着划一划火柴，看看是否好用。小明高兴地买来了火柴，爷爷问："让你买了之后划一下火柴看好不好用，你有没有照做？"小明回答："这盒火柴特别好用，我把每一根都划过了。"爷爷听到小明的话，气得直翘胡子。

这个短短的小故事就向我们揭示了完全归纳推理的局限性，其结论不能够跳出前提的范围，只适用于有限个前提，一旦考量的对象数目极多，就难以应用。而故事里的小明将每一根火柴都划一遍，虽然达到了一一列举的目的，可火柴却丧失了应有的作用。完全归纳推理在应用时，一定要根据实际情况合理灵活应用，切不可死板乱用。

归纳推理的大概念下可以分为完全归纳推理和不完全归纳推理。

完全归纳推理

完全归纳推理又称"完全归纳法",百度百科定义是:以某类中每一对象都具有或不具有的某一属性为前提,推出以该类对象全部具有或不具有该属性为结论的归纳推理。

例如:亚洲被污染;非洲被污染;北美洲被污染;南美洲被污染;欧洲被污染;南极洲被污染;大洋洲被污染,七大洲包括地球上的全部陆地,所以,地球上的所有陆地都已被污染。

再比如:李三不是坏人;李明不是坏人;李磊不是坏人;三个人是李大爷仅有的三个孩子,所以,李大爷的孩子都不是坏人。

第一个例子对地球上的所有大洲逐一进行考察,发现都被污染,由此推出地球上所有大洲都"已被污染"这一属性。

第二个例子对李大爷仅有的三个孩子逐一进行考察,发现他们都不是坏人,由此推出李大爷的孩子都不具有"坏人"这一属性。

不完全归纳推理

不完全归纳推理又称"不完全归纳法",它是完全归纳推理的对称,一种以某类事物中部分对象的判断为前提,推出某类事物全体对象的判断做结论的推理,这是归纳推理活动中常用的一种方法。

完全归纳推理在某些实际情况下不能够实现,因为需要归纳推理的单位数量过大。例如:某乡镇10万人均在最低收入标准以下。这个结论的得出,需要调查全部10万人的实际情况,所有要素要逐一进行了解。

不完全归纳推理是相对完全统计而言,只需要在集合中抽取少量或具有代表性的元素即可。例如:某校高一年级同学平均成绩良好。这个结论的得出流程是随机抽出该年级部分同学,对抽取的同学成绩进行调查,得出的一个大概结论。

特点：前提只考察某类事物中部分对象的某种属性，最后得出的结论却推广到全部对象都具某种属性，即使前提真实，推理形式正确，结论也未必一定为真。

不完全归纳推理分为简单枚举法和科学归纳法。

简单枚举法

简单枚举法根据某类中的部分对象有（没有）某一属性，在没有反例之前，即推出全部对象有（没有）某一属性。

形式：A1是（或不是）B

A2是（或不是）B

A3是（或不是）B……An是（或不是）B。

列举的例子中都符合同一属性，没有反例，所以，所有A都是（或不是）B。例如：作为"数学王冠上的明珠"的"哥德巴赫猜想"的提出，200多年前，德国数学家哥德巴赫发现一些奇数都分别等于三个素数之和：

31=7+7+17

41=11+13+17

77=7+17+53

461=5+7+449

事实上并不能把所有奇数都列举出来，哥德巴赫从少数例子出发，提出一个大胆的猜想：所有大于5的奇数都可以分解为三个素数之和。数学家欧拉肯定这一猜想，并且用同样的方法提出：大于4的偶数都可以分解为两个素数之和。如下：

12=7+5

14=7+7

18=7+11

462=5+457

两个命题合称为"哥德巴赫猜想"，就是用简单枚举归纳推理概括出来的。

数学家华罗庚在《数学归纳法》一书中指出："从一个袋子里摸出来的第

一个是红玻璃球,第二个是红玻璃球,甚至第三个、第四个、第五个都是红玻璃球时,我们立刻就会猜想:是不是袋子里所有的球都是红玻璃球?但是,当有一次摸出一个白玻璃球时,这个猜想失败了。"

"这时,我们会出现另一个猜想:袋里会不会都是玻璃球?摸出一个木球时,这个猜想又失败了。那时又会出现第三个猜想:是不是袋里的东西都是球?这个猜想还必须把袋里的东西全部摸出来,才能见个分晓。"这就是对简单枚举归纳推理的特性做了很好的说明。

鲁迅在为内山完造的《活中国的姿态》一书所作的序言里写道:"一个旅行者走进有钱人的书斋,看见有许多很贵的砚石,便说中国是'文雅的国度';一个观察者到上海来一下,买几种猥亵的书和图画,再去寻奇怪的观览物事,便说中国是'色情的国度'。"鲁迅揭示了因枚举数量不够多,考察的范围不够广,不考察有无反例,而以偏概全的现象。他还写道:"倘到穷文人的家里或者寓里去,不但无所谓书斋,连砚石也不过用着两角钱一块的家伙。一看见这样的事,先前的结论就通不过去了,所以观察者也就有些窘。"

简单枚举法调查的对象越多,给人的感觉是越接近于完全归纳推理。要提高可靠性,要求枚举的数量要足够多,范围要足够广,还要调查是否存在反例。如果忽略这一要求,会出现常说的"以偏概全""一个苍蝇坏了一锅汤"等现象,网络上的地域黑喷子们就很好地忽略了这个要求。

科学归纳法

科学归纳法是以科学分析为主要依据,根据某类中的部分对象与其属性之间所具有的因果联系,推出该类的全部对象都具有某种属性的归纳推理,相比于简单枚举法,此法得出的结论可信度更高。

影星夭亡之谜

在《四十六位影星夭亡之谜》的报道中写道:20世纪50年代,著名影星苏珊·海华、约翰·韦恩接连患上癌症相继去世,一个公司的其他青年演员也莫名其妙地得癌症,46人相继死去。

有关方面就这一现象进行严密调查后发现,这些患病者有一个共同点:影片《征服者》剧组成员。1954年,剧组曾在圣乔治亚沙漠中出外景两个月,拍

第四章 / 归纳和类比：让人思维清晰有条理的逻辑

摄结束后车子又带回了大量不引人注意的沙子，经化验，这些沙子具有很强的放射性，那片沙漠离内华达州原子弹实验基地只有200千米的距离，充满放射性的沙子引发了癌变。

这一事件的分析就运用了科学归纳法，先找到这些演员的共同联系：影片《征服者》剧组成员，都曾经去沙漠拍外景。进一步推理到沙子受到了核污染，而且这个结论受到大家的一致认可。

科学归纳法形式为：A_1是B

A_2是B

A_3是B……A_n是B。

部分对象A_1、A_2、A_3…A_n与B有因果联系，所以，所有A都是B。

因果联系即原因和结果之间的联系。原因即引起现象的现象，结果即被现象引起的现象，例如：张三买货未付款，李四未交货，张三的行为是原因，李四的行为是结果。用哲学的观点来看，因果联系是对某领域中各个事物之间普遍存在的某一种或某几种必然联系的概括和反映。

科学归纳法倡导一种不轻信知识结论的思考习惯。在如今资讯发达的时代，媒体经常传播所谓的"真知、真理"，例如：媒体有时候说"饭后百步走，活到九十九"，有时候又说"吃完饭走路会胃下垂"，诸如此类，让人不知所措。

两者比较

共同点：都属于不完全归纳推理，前提范围都只考虑部分事物属性，得出的结论却是全部事物。不同点：1. 简单枚举法直接关注部分到整体，以小见大，研究层次浅显；科学归纳法深入进行分析，在因果联系的基础上做出结论。2. 简单枚举法中考察的对象数量越多，范围越广，结论越可靠；而科学归纳法考察的对象数量不具有决定性的意义，以对象与属性因果联系为重，即使只有一两个典型，也能得出可靠结论。3.科学归纳法得出的结论可靠程度更大。

剥花生

老师父带着两个徒弟，一天，师父想考一考谁更聪明，他把两个徒弟叫到

面前说:"我给你们两个每人一筐花生,回去剥完皮后,看看是不是所有花生都有粉衣包着。明天来向我报告,看你俩谁能先回答我的问题。"

接到任务后,大徒弟不敢怠慢,赶紧跑回家一个接一个地剥起来,累得满头大汗。

二徒弟则不慌不忙,他对着一筐花生思索了一会儿,将花生分为几种,每种选几个:饱满、干瘪、生的、熟的、单仁、双仁,一共下来选出一小把花生。这几种花生剥开后,都带有粉衣,他微微一笑:"得了,不用全剥皮了,我明白了。"

当大徒弟剥了整整一天皮去向师父报告结果的时候,二徒弟已经等候多时了。师父按照先来后到的顺序先问二徒弟:"你得出什么结果了?"二徒弟回答:"我剥了几个花生就知道所有的花生都有粉衣。"之后把自己的想法陈述了一遍,大徒弟听了以后恍然大悟。

故事里大徒弟用的是简单枚举法,二徒弟用的是科学归纳法,他选取典型,通过事物之间的联系共性,进而轻松得到整体的特性,这就是二者在应用上的区别。

相比于完全归纳推理,不完全归纳推理的结论虽然不具有必然性,但是在实际中的应用更加广泛,尤其是在案件侦查工作中。在某些现场勘查、走访中获得部分资料,使最终的结论可信度提升,在审讯犯人时才不会犯毫无根据的主观错误。而且不同于有些深奥难懂、耗费脑力的推理方法,它没有严格的逻辑要求,不受规则的严格限制,灵活程度大。例如:提出侦查假设、实施并案侦查等行为都用到了不完全归纳推理。

3 归纳推理中易犯的错误

经验之谈

在火鸡饲养场里有一只聪明的火鸡,到农场的第一天它就发现主人给它喂食的时间是上午9点钟。作为一个典型的归纳主义火鸡,它开始暗中观察记录:晴天雨天、热天冷天、从周一到周日。它已经收集了有关上午9点给它喂食的大量观察材料,是时候得出归纳性结论了:"主人总是在上午9点钟给它喂食。"

归纳主义的正确让它感到满意,可是,事情并不像它所想象的那样,因为圣诞节马上就要来临了。

节日的前一天早上,火鸡仍像往常一样快乐地等待着,9点钟,传来了熟悉的开栅栏声音。奇怪的是主人手里什么都没有拿,没有给它喂食,而是粗鲁地把它抓走,宰杀。

在临死的前一刻,它才明白自己通过归纳得到的结论被无情地推翻了,带着深深的遗憾成为节日大餐:"要是早知道有这一天,就不吃那么多了,把自己饿瘦。"

大家可能会有疑问,难道通过归纳推理得出的结论是不可信的吗?可是明明大多数时间是可信的呀?可信与不可信不是存在矛盾吗?归纳推理是错误的吧?

不必怀疑经过前任无数次验证的理论,即使它是错的,但目前是可行的。人无完人,从观察中获得知识的归纳推理存在陷阱。

　　一只每天有人喂食的火鸡，它的归纳推理仅限于某时刻喂食，这是基于为自身的利益着想，不能推理出自己的死亡之日，火鸡的经验增加了其内心的安全感，即使被屠杀的危险越来越近。可现实里的问题比这更具有普遍性，过去的经验一直在影响着我们，过去获得的无关痛痒或虚假的知识是危险的误导。

　　火鸡的故事听起来是一个笑话，事实上在我们的生活中却十分常见。例如：小明作为一个学生，经常趁着自习时间逃课出去上网，而且他归纳出了班主任走的时间点，而且老师的"走"和他的"逃课"已经成了固定习惯。这种"爽"持续了一段时间后，某天班主任突然杀了个回马枪，小明被抓。

　　同样的例子：在大城市上班的踩点的人最有体会，每天固定时间醒来，按照固定路线行进，固定时刻坐上同一班车。通过归纳，上班族得出了可靠结论："每天早上7点起床，在7点10分赶上那班地铁就不会迟到。"这个归纳没有问题，因为他们之前三个月一直如此，每次都能在8点打卡迟到的前一刻到公司。结果有一天地铁因故障晚点几分钟，踩点的上班族就迟到了。

　　第一次世界大战给人类带来了太多的惊讶。一战之前，世界经历了一段和平时期，根据对以往历史的归纳总结，人们对于未来和平持相信态度，认为肯定不会再出现拿破仑时代的大型战争，后来一战成为截至当时人类历史上最惨烈的战争。

　　泰坦尼克号船长史密斯有句话："根据我所有的经验，我没有遇到任何……值得一提的事故。我在整个海上生涯中只见过一次遇险的船只。从未见过失事船只，从未处于失事的危险中，也从未陷入任何有可能演化为灾难的险境。"这位著名的船长根据之前的航海经历归纳出海上生涯的安全性高，后来他也随着泰坦尼克号沉入了冰冷的大西洋中。

　　为什么很多女性朋友婚后抱怨，没结婚前，丈夫对自己千万般好，结婚后不但没有一如既往保持这份好，反而出现家暴事件。现实生活中的很多事情没有办法根据前面已知规律推理出来，否则就会像例子中的火鸡，成为归纳推理的牺牲品。这是因为人是行为的主体，不是枯燥的、存在规律可总结的数字游戏，人的主观能动性会受许多事物的影响，比如，情绪、物质条件等。所以，归纳推理的结论存在陷阱，日久不一定见人心。

写"万"字

明朝刘元卿编纂的《应谐录》中有一个故事：土财主家里很有钱，但是几代以来都不识字。到了这一代，财主下决心改变这种状况，为此，专门给儿子请了一位教书先生。

先生在纸上横写一画，告诉公子说，"这是'一'字"，横写两画，"这是'二'字"，横写三画，"这是'三'字"。公子很快就学会了这三个字，他找到了财主："爹，所有的字我都学会了。"财主十分高兴，马上把教书先生辞退了。

有一次财主准备大宴宾客，需要在做好的请帖上写上一个"万"姓，财主把这个任务交给儿子。写了半天，儿子还没有把"万"字写好，财主催促他快点，儿子抱怨："天下那么多姓，你这个朋友就偏偏姓万。我现在才完成五百画。"

这个故事叫作"万字万画"，"一、二、三"的写法分别为一、二、三横，财主儿子通过这三个字归纳推理得出结论：数目是多少，字就有几条横。"万"字应该是一万条横，闹出了大笑话。如果他跟着教书先生再多学几个字就会发现，"四"是五画，"五"是四画，"万"是三画。人总是习惯把过去的一次天真观察当成确定结论来代表未来。

10万个人都接到了骗子公司的电话，其中5万人被告知某只股票明天一定上涨，另外5万人得到的消息却是下跌。实际上股票在第二天肯定会表现出上涨或下跌趋势，然后预测正确的那5万人第一次开会归纳推理："哎呀，这个公司说得真准呀。"然后这5万人再分成两组，继续被告知上涨或下跌，再从中选取预测正确的那一组，以此类推。

当从10万人里筛选到最后，只剩下100个人的时候，这100个人体会到这家公司每次都能预测对，多次尝到甜头后归纳总结："公司有内部消息，能赚钱。"于是这100个人把身家财产托付给该公司，然后就没有然后了，公司从此

人间蒸发。

很多时候，归纳推理的错误不在于自己的理论问题，而是你一直在沿着别人给你制定的推理而推理。归纳推理不过是一种格式化的工具，而用不用这个工具去分析那个"坑"并让自己相信那个"坑"，全都由自己决定，有时候贪心是归纳推理最恶心的帮手。

苏东坡续诗遭贬，王安石难圆其说

北宋时期，有一次苏东坡去拜访宰相王安石，恰逢王安石有事外出，苏东坡在王安石书房中等待。书桌上有一首王安石的咏菊诗草稿，只写了两句开头："西风昨夜过园林，吹落黄花满地金。"苏东坡看着这两句诗琢磨起来："黄花"是菊花，而菊花耐寒、耐久，与秋霜争斗是众人皆知的常识，怎么会被秋风吹落满地呢？一朝宰相写出"吹落黄花满地金"显然是违背常理的。

平素恃才傲物、目中无人的苏东坡提起笔来，续诗两句："秋花不比春花落，说与诗人仔细吟。"丝毫不管自己只是翰林学士，而王安石是前辈和上级。

王安石回来看了苏东坡这两句续诗，不以为然地笑笑，决定用事实教训一下苏东坡，于是找了个机会把苏东坡贬到黄州当团练副使。苏东坡在黄州郁闷地待了一年，等到九月重阳，大风刚停下，他便邀请好友去花园赏菊花，可是哪里有什么菊花呢？花瓣在大风过后纷纷落地，果真"满地金"。这个时候，他突然想起跟王安石的往事，原来真的是自己错了。

王安石教训苏东坡，可自己也犯过同样的错误。

王安石曾经写了一本书《字说》，他认为每个字的笔画结构中都隐藏着字的本义。有一次，苏东坡问他："如何解释'坡'字的意义？"王安石回答："坡是土的皮。"苏东坡笑着说："那'滑'是水的骨头？""用竹子打马是'笃'，那用竹子打狗是什么字呢？"王安石不能自圆其说，只好不作声。

刘贡父也曾问过王安石："鹿走得比牛快，牛长得比鹿粗，为什么三牛为'犇'（奔）三鹿为'麤'（粗）呢？"王安石也没办法回答。

第四章 / 归纳和类比：让人思维清晰有条理的逻辑

苏东坡对于菊花的看法是基于他平时看到的菊花都是以枯萎告终，不曾见过落花，所以归纳出"天下菊花抗秋风而不落"的结论，然后用这个总结出的结论去批判王安石的诗，直到自己在黄州真正看到菊花随风落下后，才明白反例的存在。他在归纳推理时，犯了以偏概全的错误。

王安石关于字的意义解释，其实同苏东坡犯的错误一样，可能他真的通过一些字的构型找到了其与实际意义的关系，例如："安"字，有个女人持家，家才能安。类似这样的解释有时说得通，但是汉字数以万计，各有特点，加之中华文化博大精深，又怎么能以极小一部分来概括整体呢？这显然也是在归纳推理时犯了以偏概全、概括草率的错误。

当然，也不能因为归纳推理存在的某些缺点就彻底否定不用，生活中的归纳推理能够提升办事效率，省去很多精力。任何理论事物的应用都要根据实际情况来决定、选择，否则就会起到相反效果。我们需要做的是区分清楚归纳推理的使用时机，灵活运用。如果生搬硬套，或许一次两次可以蒙混过关，一旦"闯红灯"失误，很容易造成巨大损失，成为归纳推理错误下的牺牲品。

4 类比推理

同前面说过的演绎推理、归纳推理一样,类比推理也是推理的一种形式。类比推理是根据两事物在某些属性上相同或相似,通过比较而推理出两者在其他属性上也相同的推理过程。虽然类比推理也是从观察个别现象开始,并且在理解上与归纳推理很相似,但它的过程是由特殊到特殊。用公式可以表示为:

A类具有a,b,c,d属性

B类具有a1,b1,c1属性

a1,b1,c1分别与a,b,c相同或相似

那么B类对象可能也具有与d相同或相似的d1属性。简单说就是:A和B在一些方面很相似,那么在另一些方面也会很相似。

类比推理的两种形式

类比推理可以分为完全类推和不完全类推两种形式。完全类推是两类事物进行比较之处完全相同的类推;不完全类推是两类事物进行比较的方面不完全相同时的类推。类比推理具有或然性,意思是:两者确认共同属性很少,共同属性和推理出的属性没有什么关系,这样的类比推理称为机械类比,推理出的结果也不可靠。

例如:科学家先发现声音可以直线传播,有反射、折射和干扰等性质,后来在研究光的时候,发现光也有直线传播、反射、折射等性质。进而做出推理:声音具有波动性,光也有波动性。

下面通过文言文《为学》中的一个小故事来具体感受类比推理的模式。

四川边境有两个和尚，一个贫穷，一个富有。穷和尚对富和尚说："我想去南海，怎么样？"富和尚说："你凭着什么去？"穷和尚说："只要一个水瓶和一个饭钵就够了。"富和尚说："多年来我一直想雇船顺江而下，尚且还不能去。你怎么去得了呢？"

第二年，穷和尚从南海回来了。他把自己的这件事讲给富和尚听，富和尚听了，露出惭愧的神色。

故事里富和尚想雇舟南下却做不到，而穷和尚仅凭一瓶一钵走到南海。在《为学》文章开头说道："为之，则难者亦易矣；不为，则易者亦难矣。"而该故事就是通过类比论证法论证"学之，则难者亦易矣；不学，则易者亦难矣"的中心论点。用这种方法推出的结论需要实践来检验，因为类比推理结论存在或然性。类比法预示了事情的"可能性"，同时，用通俗易懂的事物去论证不熟悉的、抽象难懂的道理，深入浅出地阐明论证论点。

说白了，类比推理就是用一个具体的前提为另一个具体的结论做支持，这种推理方法在科学研究中经常会用到。

推理区分

即使心里明确"从特殊到一般"和"从特殊到特殊"并不一样，可人们常把类比推理和归纳推理混淆在一起。例如前面提到过"万字万画"的故事，财主儿子通过归纳"一二三"的笔画来推理计数，有人可能理解为根据"一二三"的相似性类比推出"万"是一万条横笔画。听上去似乎也有几分道理，但实际并非如此。

如果要区分归纳推理和类比推理，最好的方法是明确两者的定义不同，其次是了解两者的表达形式不同。我们可以举个例子来直观感受：

归纳推理：鸡蛋是圆的，鹅蛋是圆的，没见过不圆的鸟蛋，所以，鸟蛋是圆的。归纳推理遵从这样的形式逻辑。

类比推理：地球和细胞都是球形，很相似，而细胞结构分为细胞壁、细胞质、细胞核，那么地球应该也是这样分层次的，科学研究发现果然如此：地球分为地壳、地幔、地核。

顺便讲一下演绎推理：现在发现蛋都是圆的，那么史前恐龙的蛋肯定也是圆的，根本不用去看就能推演到那个时代。

注意事项

类比推理是为结论提供支持的，在运用时一定要事先分析，搞清楚类比两者间的相似程度，往往相似程度越高，类比物越贴近现实存在，由类比得出的结论越可靠，其支持力度越强。

例如在《狼来了》的故事中，说谎小孩最后被狼吃了，现在小孩通过类比推理得知，如果自己说谎，也会被狼吃掉。事实上，现在在我们生活中已经很少能看到狼了，现实中的小孩也不会傻到真的把自己与故事中放羊的小孩做类比。

再如：人往高处走，树往高处长，这两种事物本身的相似度就不大，一个是追求地位往高处爬，一个是自然发展往高处长，再说二者又不是同一物种，如果非要以此为类比，那就是俗话说的"抬杠"。

类比推理的好用与否，绝对取决于使用者选择的类比对象是否合适。而在实际生活中的类比推理，大多因为类比对象根本就不相似而没什么效力，人们不过是用类比推理的方式来表达一种说明效果，便于对方理解结论而已。比如：比尔·盖茨从哈佛休学创业，到后来富甲一方，类比他，我决定也从哈佛休学创业，也赚那么多钱去。我只类比了他的著名行为，可我爸妈的实力却类比不了盖茨爸妈的实力，现有市场也类比不了当时市场，我退学回去，爸妈肯定一巴掌把我打醒。

大家不要依赖类比推理，它好用但是难用好。正确使用类比推理的方法是启发思考，说明想法，而不是类比某某来支持自己的结论观点。

类比推理的用处

类比推理方法在人类之前认识客观世界和改造客观世界的活动中具有十分重要的作用。它能够为模拟实验提供逻辑基础，帮助解决数学难题，还有助于提出科学假说，引发技术改进，推动生产力发展，推进社会经济进步，影响世界历史进程。

从平面到立体

数学家乔治·波利亚曾说:"一般化、特殊化和类比是获得发现的源泉,类比是一种最富于创造性的逻辑推理方法和探索的工具,凭借少量知识和个别熟悉对象,可以探测和推移到未知的陌生的对象。"

例如数学里的几何问题:平面中是点、线、面,类比二维平面,三维空间中的"形"变成了"体",三角形变成三棱锥、长方形变成长方体。

图形之间可以类比进化,概念也可以。"在平面几何里,垂直于同一直线的两直线平行。"将这一平面命题类比到空间中可以得到四个命题:1. 垂直于同一直线的两直线平行。2. 垂直于同一平面的两直线平行。3. 垂直于同一直线的两平面平行。4. 垂直于同一平面的两平面平行。其中命题二和三是真命题,通过类比推理得出关于未知领域的结论。

司法实践

类比推理在司法实践过程中的运用具体表现在以下几个方面:

第一点,法官在审理无明文法律规定的具体案件时,通常根据性质最类似的法律条文进行类推适用,比如在民事案件的审理中,经常需要对法律进行类推适用,类推适用的逻辑基础就是类比推理。

第二点,法律适用过程中,因没有明文规定或法律条令过于抽象概括而含义不明,法官遵循或参照以往判例进行法律推理,做出正确判决,这被称为判例类推,逻辑基础也是类比推理。

法官在审判工作中借鉴先前判例的情况比比皆是。例如:

原告在饮用被告某啤酒集团的啤酒时,啤酒瓶突然爆炸,致使原告失明毁容。原告请求法院判被告赔偿各种费用共计10万元。

县级人民法院审理认为:"依本案事实、《民法通则》第119条和《消费者权益保护法》第41条之规定,原告请求赔偿10万元并不为高。"法院判决被告赔偿原告30万元。

不久,县人民法院在"某鞭炮产品责任损害赔偿案"的审理中,法官以及双方当事人参考了"啤酒瓶爆炸案"。

原告燃放烟花时，其左眼被击伤，有失明可能。案件事实与先前案件事实极为类似，因此法官可以借鉴上一个案例的裁判结果，最后被告被判赔偿原告各种损失共13万元。

第三点，大家在刑侦电视剧里经常听到"并案侦查"四个字，其逻辑基础也是类比推理。因为不少罪犯在作案方法、手段、目的动机、时间等方面具有一定规律性，如果多起案件是一人所为，这一特征将更加明显。侦查人员通常会将作案情况相同的几起案子综合分析，应用类比推理并案侦查。

例如：公安局侦破一起夜间拦路杀人案，嫌疑人已被抓获并供认作案经过。警察将此案和另一起未侦破的夜间拦路杀人案进行对比，发现两起案件有很多相似之处：作案时间都是晚上10点左右；受害人都是单独行走的妇女；嫌疑人对作案地点路况非常熟悉。公安人员由类比推理得出结论：另一起未破案件也是同一个嫌疑人所为。破案后证实推论完全准确。

第四点，类比推理在侦查中最强大的作用还不仅是上面那么简单。在办案过程中，侦查人员为了证实在某种条件下的案件情景，可以采用模拟和重演的方法，这叫侦查实验。《刑事诉讼法》第108条规定："为了查明案情，在必要的时候，经公安局长批准，可以进行侦查实验。侦查实验，禁止一切足以造成危险、侮辱人格或者有伤风化的行为。"侦查实验以类比推理为逻辑基础，而且严格遵循类比推理逻辑要求进行推理。

例如：在一起驾车故意伤害案件中，受害人未能向法庭提交充分证据来证明肇事司机的蓄意行为，因此第一次在审判时输了官司。后来，受害人的律师发现受害人的外伤只能通过与外部物体接触才能形成。

律师到事发现场做了模拟试验证明，类似受伤部位的特征是轮胎与人体摩擦导致，后经有关机关调查组进行侦查实验以及法医鉴定，证实了律师判断。肇事者因故意伤害被刑事拘留。

类比推理，可以启迪思维、开阔视野、提供线索，正确运用类比推理，对于提高司法办案能力有重要意义。

科技发明

深海探测是国与国之间科技竞争的重要领域，谁掌握了深海探测技术，就有可能发现新的能量资源,因此深海探测技术就显得极为重要。

老版本的深潜器入水,必须依靠坚固缆绳吊入水中,既无法自行上浮至睡眠状态,又无法在深水中自由行走。由于科技发展的限制,在当时潜水到2000米已经是极限。

瑞士著名科学家皮卡尔最初是一位研究大气平流层的科学家,他常设计一些可以飞入高空的平流层气球。而令人感到不可思议的是,这样一位与深潜器技术不搭边的科学家,首先发明了可以在深海自由行走的深潜器。

当他把目光从天空转移到海洋的时候,意识到空气和水是两个完全不同的领域,但是两者有相同的地方:都是流体,有很多关于流体的知识和原理都可以通用。

皮卡尔的平流层气球由气球和载人舱组成,利用空气浮力升上高空,他试想:"如果给深潜器也加一个浮筒,是不是也可以在水中自由上浮了?"依据类似的原理,皮卡尔设计出钢制潜水球和浮筒,潜水球中装有铁砂,将铁砂排出即可浮出海面。给深潜器配备动力源,便可以在深海里自由移动了。后来经过试验,皮卡尔的新型深潜器可以下潜到4000多米的深海。

现在很多重要的高科技产品都是依据仿生学原理发明的,比如,利用叶子上的锯齿发明了锯子;看到风筝在天空飞翔发明了飞机,这都是仿生学的运用。

最早的潜水艇

美国独立战争期间,英国凭借强大的海军,重创美国海防。有一天,一位名叫戴维·布什内尔的美军士兵在海边看到一个景象:一条大鱼在水下悄悄游过,然后猛然间向小鱼发动突袭,获得成功。

这在常人看来不过是很常见的一个情景而已,他的脑子里却灵光一闪:"如果研制一种可以在水下作战的舰艇就好了,可以像大鱼一样偷袭英国军舰。"他把自己的想法报告给上级,军事高层非常重视他的想法,并且给予他足够的研究条件,不久之后,第一艘潜艇入水了,随后在与英军军舰的作战中发挥了重要作用。

近几十年以来,仿生学更是蓬勃发展。比如西方发达国家就利用仿生机器

人从事一些危险工作，解决社会问题；美国的布鲁克斯教授在20世纪90年代研制出了昆虫机器人；美国还研制出金枪鱼潜艇，拥有和鱼一样的灵活性。

皮卡尔通过平流层气球的原理转而发明出新型深潜器、珍妮机、潜水艇，都运用了类比推理法。

这一常用推理方法是创新能力的标志之一，也是锻炼分析和解决问题能力的有效方式之一。类比推理能够提高判断事物之间关系的能力，公务员考试中就涉及相关方面内容，有兴趣的小伙伴可以尝试做一下公务员类比推理试题，感受一下类比推理的魅力。

5 类比失当

例子:"枪和菜刀都是可以造成伤害的工具。日常生活中限制购买菜刀是一种很荒唐的做法,类比推理得出限制买枪也是荒唐的做法。"枪和菜刀确实有共性的地方,但是在该推理中类比的物体属性存在明显问题,两者的共性并不是限制买枪的理由。枪很容易用于远距离大规模杀伤,而菜刀却没有这一特性,这样的类比是不恰当的。

很多论证需要类比两种或更多事物的各方面属性,如果进行比较的两件事物本身对所讨论的问题而言,实际上并非真正类似,那么此类比就是"类比失当",其表现形式是:把某些方面相似的A、B事物做类比,以A的某个特质来说明B的某个类似特质时,如果两个事物的某些不同点被用来做推理,则类比失当。我们来看一个故事,具体了解一下何为类比失当。

工厂民主化

在某工厂举办的对话讨论会上,员工们要求厂长能够真正实行民主化管理,成立员工代表大会制度,制定合理的企业决策流程,以便让员工们都参与到工厂的问题决议中。

这一要求让厂长大为恼火,他说:"作为厂长,我要对整个企业和大家负责。我就好比火车司机,火车启动、前进、速度等都应该由我掌握处理,一旦遇到紧急情况,我总不能找专管检修的修理工商量吧。而你们作为企业员工,需要做的就是像检修员一样,干好属于自己的工作即可,至于火车怎么前进,就不是你们的能力范围之内的事情了。"

厂长的一番类比之下，彻底激怒了场下的员工们，他们开始对厂长大喊各种意见和不满。

"你们作为检修工，冲着司机大喊大叫，还要求分权，如果企业这列火车运行出了事故怎么办？谁负责？所以干好自己的工作，不要干涉企业发展决策，这是对企业发展最好的贡献。"厂长说。

厂长的内在意思是怕分权之后而分派，导致企业出现内部危机，这可以理解，但他的一番话犯了类比失当的错误。厂长与员工、司机与检修工的关系确实存在相似之处，但也有不同的地方，工厂的主人是员工，有权参与民主管理，厂长把自己的"独裁"和司机的"中心作用"混淆了，这种类比失当就是机械类比错误。

机械类比就是将两个性质根本不同，仅在表面有某些相似的对象进行类比。机械类比是推不出正确结论的，因为它违背了类比推理规则。机械类比推出的结论并不可靠，有可能结论本身就是错误的。

在很早之前的欧洲，基督教神学家就妄图根据钟表和宇宙在表面上存在某些类似之处提出："精密和谐的钟表由许多部分构成，宇宙也由许多部分构成，钟表有一个创造者，从而推理出宇宙也有一个创造者，那就是上帝。"

覆水难收

古时候有个叫朱买臣的穷苦读书人，十年苦读，盼望考取功名，奈何妻子再也受不了跟着他过这种看不到头的苦日子，最终选择离开他改嫁。

后来朱买臣终于当上了太守，衣锦还乡，这时候妻子又来到他身前，希望两人可以复合。于是朱买臣叫随从端来一盆水，哗啦一下，将水全都倒在了地上，然后对妻子说："我们夫妻之前的情义就像地上的水，再也收不回来了。"

这就是成语"覆水难收"的由来，朱买臣不原谅负心人的做法没什么错，但是他的类比却出错了。"覆水难收"类比"离婚复合"，二者的困难之处不同,把泼出去的水再收回来是实际困难,而与妻子复合是意愿问题,与其说这是类比,倒不如说是荒谬的情感发泄。

再如:某国政府想要建一座核电厂,遭到了很多民众的反对,他们认为:"核电厂就像原子弹,一旦爆炸出事,危害很大。"反对者的理由是类比了核电厂和原子弹,从而推出核电厂和原子弹一样危险。

通过科学分析可以知道,核电厂和原子弹的运作原理的确类似,通过铀等元素的连锁反应产生能量,却并不表示其危险性一样。核能在短时间内大量释放会产生可怕的爆炸,但是控制得当却可以用于电力供应。因此用原子弹的危险性来类比核电厂,这个推理本身就有问题。

类比失当有一个共同的规律:"小同大异。"通过两个事物的小小共同点,掩盖大大的不同处,而且这个小共同点肯定不是事物的关键属性。社会沙文主义者将资产阶级民族解放战争和帝国主义战争进行机械类比,后来被列宁批评:"这样的类比就等于把长度同重量相提并论。"

6 比喻和类比

很多情况下的类比失当是因为根本没有做到真正类比,你所谓的类比可能是一种叫作"比喻"的东西。

类比和比喻是不同的两者,类比推理是根据两事物在某些属性上相同或相似,通过比较而推理出两者在其他属性上也相同的推理过程。比喻是找到两事物的共同点,发现甲事物暗含在乙事物身上的特征,而对甲事物有重新的理解。

二者的定义区别。类比推理着重于将不同事物加以比较,从而引出结论。比喻则是一种修辞手法,以具体的事物抽象成道理,形象表达出来。

二者的作用不同。举例说明。比喻:天上薄纱似的轻云如一个女郎脖颈间围绕的白纱巾。类比:人病见鬼,犹伯乐之见马,庖丁之见牛也。伯乐、庖丁所见非马与牛,则亦知夫病者所见非鬼也。

两方势力抬杠,无非就是一方极力用类比推理的结论来说理,另一方却死缠着比喻在跟你绕圈子。

质疑或者戳穿类比失当的关键就是要发现类比事物之间的核心差异,揭露小同,直指大异。

林肯与肯尼迪

林肯与肯尼迪是美国历史上的两位总统,他们之间的各种类比简直巧合到让人怀疑:"这两位是不是同一个人?"

第四章 / 归纳和类比：让人思维清晰有条理的逻辑

1846年，林肯进入美国国会，1946年，肯尼迪进入美国国会，两人进入国会的时间相隔了一百年；1860年，林肯当选美国总统，1960年，肯尼迪当选美国总统，两人当选美国总统的时间又相隔了一百年。

两人都在星期五被暗杀，死时都是头部中弹，凶手都是南方人；两人的后续总统都是南方人，继承人的名字都叫琼森，林肯的继承人是1808年出生的安德鲁·琼森，肯尼迪的继承人是1908年出生的林登·琼森；1839年出生的布思刺杀林肯，1939年出生的奥司华德刺杀肯尼迪；布思从一间戏院跑出，在一间仓库被抓获，奥司华德从一间仓库跑出，在一间戏院被抓获，两名凶手都是在进行审判之前遭人枪杀。

林肯的秘书叫肯尼迪，肯尼迪的秘书叫林肯，两个秘书当时都曾劝告他们的总统不要去事发地点。

这两个人的相似之处多吧，我们可以尝试做一个类比推理：林肯的父母是英国移民后裔；那么，肯尼迪的父母一定也是英国移民后裔。然而事实并非如此，但这却完全符合类比推理的形式。

林肯和肯尼迪毕竟不是完全相同的两个人。1854到1858年之间，林肯竞选参议员、副总统接连失败，两年后才竞选总统成功；肯尼迪1946年、1948年、1950年三次被选为众议员，1952年、1958年被选为参议员，可谓一路顺风顺水。一个屡败屡战，一个一路开挂。

举个日常生活中类比失当的例子：三角形是最稳定的结构，为什么三角恋不稳定呢？在辩论界中有一句公认的名言："一切的类比都是不当类比。"在生活中用以类比的东西大多不是同一个东西，而这个本质上不同的地方就可以揭示类比失当的原因。

有时为说明一些道理，人们常常会使用一些类比推理，目的是更加直观生动地表达观点，但很多时候忘记了类比推理的或然性，把类比的结论当成必然结论，如此类比的起始就注定了结论无法成立。此外还要注意类比对象的相似度、数量、实际意义、时空背景等。忽略不同时空背景进行类比，简直就是白日做梦，是关公战秦琼。比如总拿电视剧里的高富帅、白富美来类比现实中找的对象，不单身才怪呢。

　　一个人不善于进行论证的显著标志就是过多的类比失当，离开了具体明显的形象便不会思考，这并不是否定类比说理，而是强调通过类比表达思想时，要有严谨的逻辑论证，不要耍无赖。

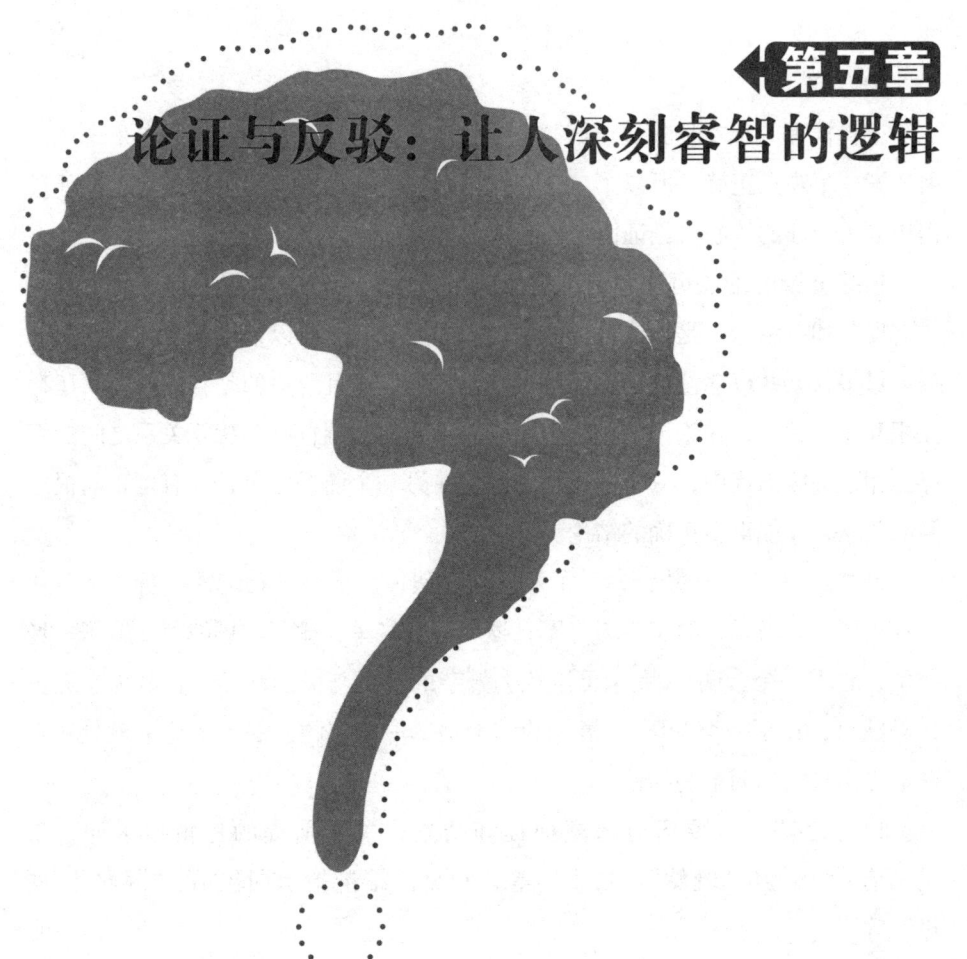

第五章
论证与反驳：让人深刻睿智的逻辑

1 建立一个论证

大方向

逻辑推理的基本步骤是根据第一个已知正确的观点，推断出第二个观点，因为第一个观点正确，所以第二个观点正确。论证是推理的表现形式，推理过程构成了论证的核心，论证由命题组成，推理的观点由命题表达。

错综复杂的论证可能包括许多命题，但是每个论证本质上都是简单的。"前提"和"结论"是构成论证的两个基本要素。之所以说论证复杂是因为前提数量多，某些概念性的东西理解难度比较大，而且要命的是各前提之间还存在相互作用关系，在论证的过程中还需要不断地提醒自己各相互关系之间的牵绊。相互关联前提中，一个前提可能建立在另一个前提之上，只有摆正前提之间的关系，才能得出正确的结论。

例如："失去一颗铁钉，丢了一只马蹄铁；丢了一只马蹄铁，折了一匹战马；折了一匹战马，损了一名将军；损了一名将军，输了一场战争；输了一场战争，亡了一个帝国。"完全可以免去繁杂的前提与极端性结论，改为"失去一颗铁钉，亡了一个帝国"。最好的结论是单一确定的，最牛的论证就是三言两语得出最简单明了的结论。

论证之前一定要区分清楚前提和结论，关于前提的逻辑指示词，常见的有："因为""既然""由于"等，常见的结论指示词包括："因此""所以"等。

例如：因为他经常和老板发生争执。

史密斯被调到了新加坡工作。

分析：这个论证是想解释事实为什么发生。前提提供了支持性信息："因为他经常和老板发生争执。"然后我们理解了结论："所以史密斯被调到了新加坡工作。"可见确认正确的前提是正确论证的第一步。

如果将上例论证中的前提改为，"史密斯不经常和老板发生争执"，就无法解释为何调动。进一步说，仅仅保证前提正确对结论正确来说还不够，最好能保证前提正确且可以得出最终正确的结论。

论证的建立形式分为两种，一种是从已知到已知的证实，一种是从已知到未知的推理。无论是哪一种，论证建立之前必须有一个正确而恰当的选题。

建立论证的选题原则：理论与实际相联系，注重论证的现实意义。论证选题可以来自生活、经济、科学等各个领域，有抱负的小伙伴真的可以尝试论证一下千百万人所关心的问题，比如人类社会新的发展模式，当然说实的，要量力而为。

如果你是一个以锻炼思维为乐的人，选题的范围可以更广，有的没的都可以整一套，比如太阳撞地球、穿越时空等。

前提是论证的起点，它是一个支持性命题，包含着往后推理所依靠的最基础事实；结论是在前提的基础上推出并被证明的命题。主题敲定，论证建立的第一步工作就是明确前提的真实性和相关性。如果前提不合理会出现什么情况呢？

例如：每个狗都有两个头。

拉布拉多犬是狗。

所以，拉布拉多犬有两个头。

这是在结构完美的三段论形式下，由于前提错误而引发结论错误。"狗有两个头"的前提是明显错误的，好比一辆外形靓丽的豪车，内部注满了水，永远发动不起来。

把上述论证中的"两"字改为"一"字就正确了：每个狗都有一个头。

拉布拉多犬是狗。

所以，拉布拉多犬有一个头。

这还不够，前提的真实性只是正确论证的必要条件，而前提正确不一定能

够推理到结论正确。

例如：

皮卡卡是全国著名的运动员。

皮卡卡长得帅。

皮卡卡有钱。

皮卡卡长得高。

所以，皮卡卡应该当选为州长。

假如关于皮卡卡高富帅的几个前提都为真，可是跟最后当选为州长的结论没有半毛钱关系，也就是说前提并不能直接推理到结论。

我们可以修改一下前提：

皮卡卡是一个以信誉高著称的律师，能言善辩。

皮卡卡已经做了20年政府职员，人脉关系广泛。

皮卡卡曾任4届州长助理，与历任州长相处很好。

所以，他应该当选为州长。

这个例子的前提与最后的结论关联性明显高于上一个例子。

肯定前提正确，那么就可以开始推理结论了，神奇的是如果从结论倒推前提，前提更精彩。

2 论证的三个要素

概念

通常人们在论证的时候，最主要的工作就是阐明自己的观点，并用一些符合论点内容要求的论据，加上某种或某几种合理的论证方式，证明该观点是否正确，以便达到令人信服的效果。也就是说，论点、论据、论证方式是议论文中的要素。

上一节提及建立论证时，最基本的两个要素是前提和结论，这就好比卡死了一个事件的两头，上限和下限定好后，中间的过程就可以进行完善的工作了。同议论文相似，一个逻辑论证中间部分，应该有论点、论据、论证方式三个要素。

论点：论点又叫论断，是作者所持的观点，在逻辑学上，论点就是真实性需要加以证实的判断，论点是论证的中心，明确表示了论证人赞成什么，反对什么。论点需要通过证明其正确性来彰显合理性，一个没有被证明的论点是没有说服力的。

论据：论据在逻辑学上指用来证明论点的判断，它是基于论点的证明需求而提出的证据，是论点站得住脚的保障。

论证方式：论证过程中的形式，它解决了论证如何进行下去的问题。比如立论、驳论，何处提出论点加以证明等，论证方式十分丰富，它可以是一个推理，一个论点论据的合理性集合。

三者概念清楚后，下面进行逐一分析说明。

论证中肯定有一个中心论点，中心论点是论证人对问题最基本的看法，它

代表了最主要的思想观点，论证的全体内容都围绕此点展开。那么如何找到中心论点呢？往往一个论证过程会出现多个论点，又该怎么区分呢？

中心论点与分论点

出现多个论点是因为论证中还有分论点的存在，分论点是中心论点管辖之下的论点，每个分论点都遵循着论点必须被证明的基本原则，分论点正确能起到支持中心论点的作用。

那么问题来了，如果一个论证存在100个论点，该如何标注出中心论点呢？我们不妨画一个树状图，主干代表中心论点，周围的枝干代表分论点，无论枝干如何生长，它的养分都是由主干供给。

再来看几个类似的概念：论点、论据、论证、前提，"论点"的意思经常会和后面的三个混淆，论点、论据上面有过介绍，我们主要区分一下论点、论证、前提。

论证是一个阐发论点的过程，只要你能够自圆其说，那么论证就是成功的。比如《六国论》从头到尾证明了六国破灭的原因，这个"从头到尾"的过程就是论证。前提和观点难以区分，前提在观点之前，比如"六国在几千年前早已经破灭"，这是前提，观点是"六国破灭的原因"，如果没有前提，原因也就不存在了。曾经有一个大学生辩论赛，辩论的题目是"刘备和曹操谁更适合做国足的主帅"，毫无疑问，这个题目就是中心论点，之后的大辩论中，双方就刘备和曹操的优缺点与"国足主帅"的位置挂钩，运用各种分论点进行说明。

论据

论据是立论的根据，没有论据证明的论点是不靠谱的。梁启超《论中国学术思想变迁之大势》第三章第四节说："孟子之距杨墨，则毫无论据。"鲁迅《二心集·"硬译"与"文学的阶级性"》说："也找不出牙齿色黄，即有害于无产阶级革命的论据。"

逻辑论证过程中的论据分为两大类：道理论据和事实论据。事实论据包括具体事例、概括事实、亲身经历等。道理论据也称事理论据，大多指那些长期以来已经被实践检验过的观点，包括客观存在的自然科学原理、定理，权威性的言论等。两种论据相比较，事实论据更能客观真实地描述和概括事物，比道理论据更有说服力，正所谓"事实胜于雄辩"。

鸡蛋砸死人，雨水砸不死人

在高层楼房下经常会有"小心高空坠物"的提示语，当一个物体从高处落下时，由于地球引力充当重力加速度，物体下落过程中的速度会越来越快，动能也越来越大，高楼上的鸡蛋落下能把人砸死就是这个道理。

然后有人发问了："那雨水从几万米的高空落下，应该拥有很大的动能啊，为什么没有把人砸死呢？"乍一想，这确实是个很有道理的问题，科学家被难住了。

于是开始研究，一系列的测量计算后，理论上来说，雨滴从天上落下时的动能确实很大，可事实上，人没有被砸死。科学家百思不得其解，这时候有个老太太说话了："我从30层楼上往下倒一盆洗脚水，会把你砸死吗？"

这个案例就不能死板地运用道理论据来解释，反而常规性的事实论据就能证明结果。

论据和论点是证明与被证明的关系，因此论据选用有着一定的要求，不是任何看似可以解释论点的论据都能用。论据与论点要存在客观、本质性联系，这样才能正确地过渡。如果论据相对于论点只是表面上的现象，或者是论证人主观臆想出来的关系，两者不相干，论据不可靠，证明出来的论点也是不可信的。

论据必须充足，一个论点的多个方面需要不同的论据加以证明，如果以少量论据概括多个论点，那么这就是逻辑论证中的论据不足，证明的论点也不可信。综上所述，论据要具有真实性、充分性、典型性，论据还必须简洁精练，直指论点而去，不需要拐弯抹角。

有钱为何不捐

2017年8月8日晚21时19分,四川阿坝藏族羌族自治州九寨沟县发生7.0级地震,消息传来,一时间全国上下都在祈祷默哀。因导演拍摄《战狼》《战狼2》而名利双收的吴京在微博发文:"祈祷震区平安!"一群键盘侠跑过来,以《战狼》票房大卖为由,"逼"吴京为灾区人民捐款。

"那么高的票房、那么高的利润,怎么不能拿出一部分捐给灾区?""赚那么多个亿了,怎么就捐一百万?""你自诩爱国,那就不要口头上说,也不要只在电影里说,请用实际行动说。""我贡献了票房,请你贡献爱心。""不要辜负中国人对你的期望。"……一连串"理直气壮"的逼问,一度上了热搜。

天津塘沽爆炸发生不久,有微博网友义愤填膺指责马云:"你多富裕啊,随便捐个资产的10%,就可以救很多人。""首富就应该捐一个亿。"

网友在名人微博下留言口口声声说:"这不是道德绑架。"但事实上这就是赤裸裸的道德绑架。

逼捐者的逻辑是,"你既然赚了那么多钱,就应该多捐点",这很容易让人联想到"能力越大,责任越大",但"有钱就得多捐"的逻辑显然是站不住脚的。做慈善的原则是自愿,不管人家票房赚了多少,是不是首富,完全可以决定捐或者不捐,捐多少。

有一个很流行的笑话:

记者:"为什么你让名人捐款?"逼捐者:"因为他有钱。"

记者:"如果你有100万,你愿意捐给穷人吗?"逼捐者:"我愿意。"

记者:"如果你有100亩地,你可以捐给穷人吗?"逼捐者:"我愿意。"

记者:"如果你有一辆车,你同意捐给穷人吗?"逼捐者:"我不同意。"

记者:"为什么?"逼捐者小声说:"因为我真有一辆车。"

在逻辑上,网友犯了论据不相干、不足的错误。观点是明星应该多捐款,论据是明星赚得多,难道赚得多就应该多捐吗?本来是一件积德行善的好事,却被搅成了道德绑架。仅仅是"明星赚得多"不足以让"明星多捐款"站稳脚跟,于情于理都说不过去。

论证方式

论证方式多种多样，比如正面论证、反面论证等。无论以何种方式进行论证，只要能够证明自己论点的形式就是适用的形式。

论证方式的作用在于通过不同形式的立论、驳论来确立自己的论点。论点和论据等内容就像是人的肉体和灵魂，而论证方式就是肉体和灵魂组装到一起的骨架，没有论证方式固定的论证过程杂乱无章。前面介绍的中心论点的位置安排，其实就是论证方式的一块内容，中心论点在不同的位置就可以产生不同的印象效果。

说到论证骨架，论证结构就是论证方式的重要内容。平时听到最多的论证结构就是"三段论"，即是什么？为什么？怎么办？常见的论证结构还有总分总、对照式、层进式、并列式等。选择何种方式进行论点论据组合，这对论证的严谨与生动性至关重要。论证逻辑性的具体体现就是论点与论点的衔接、过渡而又递进、联合，这全要依靠论证方式。

论证方式的正确运用让论证层次结构、内容纲目清晰井然。论证方式不等同于论点或论据，论点与论据都是精神思维层面的思考内容，而论证方式是如何进行思考，是一种形式，内容可以有真假之分，而形式只有对错之分。论点和论据都是论证中实实在在的组成，而论证方式是指导这一组成的抽象概念。

在实际的逻辑论证过程中，论点、论据及论证方式需要遵守许多规则：如论点明确，保持同一，论据真实，论证方式符合推理规则。论点、论据、论证方式三者要相辅相成，如此构成一个科学完整的论证过程。

3 常用的论证方法

有些人在现实场景中说话时经常会出现"驴唇不对马嘴"的情况，比如，上下级汇报、客户拜访等情况，明明说着这个观点，却拿出了与观点根本不相及的论据进行论证，或者有明确的观点，却无法给出准确论证，无法说服他人。

以上情况的根本原因是对基础论证方法缺乏认识，因而让论证缺乏说服力。如果在每一次论证前可以思考清楚论点是什么？用什么样的论证方法更有效？这样一来，论证的成功率会大幅度提高。

论证是指阐述自己观点之后，通过相关的论据对论点加以证明的过程。何为论证方法？百度百科给出的解释是："论证是指阐述自己的观点之后，加以证明，使自己的观点有了一个证实。"说到论证方法，常见的有举例论证、道理论证、引用论证、对比论证、比喻论证、因果论证、事实论证等。不同的论证方法能够起到不同的作用，但是殊途同归，尽管形式不一样，但是最终目的都是增强论点说服力。

首先来说一下举例论证，其定义为："通过运用典型事例有力证明中心论点，增强说服力的方法。"这种方法常用于议论文写作或者演讲中，这种论证方法一般开门见山提出论题，然后运用材料证明论点得出结论，简单的结构方法非常符合思维规律，因而使用的频率十分广泛。

第五章 / 论证与反驳：让人深刻睿智的逻辑

开普勒、爱迪生和林肯

德国天文学家开普勒从童年开始便多灾多难，他经历了病痛、亲朋好友去世等一系列打击，可从未停下对天文学的研究，终于在59岁时发现了天体运行三大定律，取得了巨大的科学成就。

爱迪生发明灯泡时失败很多次，有人对他说："你已经失败了1000多次了，不可能成功，还是放弃吧。"最后，经过6000多次的实验他终于成功。

美国前总统林肯：23岁时竞选州议员落选。想读法学院，但未获入学资格。借钱经商破产，之后花了16年时间还清债务。25岁再次竞选州议员，终于赢了。26岁即将结婚时未婚妻死了，之后精神完全崩溃，卧病在床6个月。29到34岁之间三次竞选不同的职位，全部落选。39岁到47岁也是面临各种失败、拒绝、落选。在他51岁时，终于当选美国总统，并且成为美国历史上最伟大的总统之一。

以上三个小故事想要证明的论点标题就是："坚持终成功。"如此雷同的例子还可以有无数个。举例论证可以有两种形式：概括总体性和枚举个别，概括总体说服力在于体现普遍性，很显然我们在这里运用的是枚举个别，而且你可以发现，这几个举例子都是非常典型的、令人耳熟能详的故事，不要认为这样的例子没有新鲜感，举例论证需要的恰恰是"典型"两个字，因为典型的例子最真实、最令人信服。

也可以尝试一下新鲜的论证，但是听者还真不一定知道你说的是什么。例如《哨子》一文列举社会生活中的"猎取恩宠荣禄""醉心于名望""积累财产""寻欢作乐""爱慕虚荣""贪求富贵"等现象，论证"人类很大一部分悲苦都是由于他们对事物的价值做出错误的估价而造成的，都是为他们的哨子付出了太高的代价"，从而进一步证实论点，提高说服力。

举例论证在使用时，最常出现的情况是想不到跟主题相关的例子，这需要多看书，多多上网学习，多积累，有输入才能有输出。

事实论证是运用真实、可靠、有代表性的事例具体有力地证明中心论点，增强说服力、趣味性、权威性，让文章浅显易懂。类似于举例论证，事实论证一般也是开门见山提出论题，然后运用材料证明论点，最后得出结论。

牛顿定律

在宏观惯性参考系下的牛顿三定律是正确的，宏观也就是我们的普通世界、微观世界、分子世界，牛顿定律适用于前者。

那扇别人一巴掌，他脸疼，你手疼，所谓"一个巴掌拍不响"也遵循牛顿定律。

针对以上观点，我们可以牛顿第三定律的内容进行论证。牛顿第三定律："两个物体之间的作用力和反作用力，在同一条直线上，大小相等，方向相反。"

小明在手掌和钢板的表面各安装一款压力传感器，然后拍向钢板，两个压力传感器显示数据均为50N，也就是说小明打钢板的力与钢板反击小明手掌的力大小相等，方向相反。所以小明这一行为逃不出牛顿第三定律的管辖。

从定义、字面意思以及这个小例子来看，很多人肯定会把事实论证和举例论证当作是同一个概念，其实不然。我们来为这两个概念做一下区分：

事实论证是从个别到一般的论证方法，举例论证是议论文、演讲、抬杠中的一种方法。两者所采用的支持案例性质是不同的，事实论证多使用普遍认同的公理和规律来支持论点，而举例论证则是选用身边琐事或广为流传的事例做论证依据，比如大多数会选用名人事例，即使名人没有做那件事，但是我们用他来做背景板，证明力自然大大提高。

事实论证的作用是增加说服力，概括事实，举例论证的作用是用典型事例证明论点，在作用上很明显就看出一个重在说服力，一个重在证明。

引用论证也叫"引证"，简单说就是引用名人名言、名人观点作为论据，四个字"引经据典"。

引用论证可以分为两种：明引和暗引。明引交代所引之言的出处，暗引则不交代，可根据具体情况进行具体引用。很多名人写文章时喜欢引用论证，比如千古名篇《六国论》中，苏洵就引用："古人云：'以地事秦，犹抱薪救火，薪不尽，火不灭。'此言得之。""古人云"三个字在许多经典著作中均有提及。引用论证一般用于议论文，其作用在于增强文章文采和说服力，进一步说明文章论点。

数据胜于雄辩

现在的引用已经不拘泥于单纯的引经据典，在这个数字时代，许多问题的反应直接体现在数据引用之中。

雷军曾在清华大学进行了一次主题为《小米9年：创新、变革与未来》的演讲，他通过引用客观数据来说明小米在技术创新方面的成长、成绩。

用他的话来说，公司的初始规模只不过是一间很小的办公室，十来个人，一起喝了碗小米粥，开始"闹革命"。可是小米只用了两年半就杀到世界竞争最激烈的战场，成为中国第一、世界第三。

2016年开始，小米放下身段逐个对标学习，之后，2017年售出了9400万台手机，2018年则售出1.18亿台。公司收入同比增长52.6%，利润同比增长59.5%，小米的国际收入占比超过40%，进入80多个国家和市场，在30个国家的智能手机市场排到前五位。

在创新方面，小米始终坚持做出感动人心的好产品，8年间，花在研发上的费用就有58亿元人民币。小米发明了"全面屏手机"概念，在该领域拥有100多项专利，并且开始着手于5G研发，在巴塞罗那世界移动通信大会上发布了第一部5G手机。

引用论证无处不在，写作时你会引用"锄禾日当午，汗滴禾下土"，除了引经据典，一些网络用语也进入了现代人引用的行列，引用的范围更加广泛。

对比论证

对比论证是一种常用、有说服力的论证方法，因为万事万物皆有对比，在

对比中才更能分辨出彼此差异,将自己的论点本质在对比中显露出来,给人以极大的鲜明性,让正确的论点更加稳固。

对比论证分为纵比论证和横比论证两种。

纵比论证是指通过时间前后、事物发展前后阶段对比来论证观点。比如白岩松在《我的故事及其背后的中国梦》这篇演讲中讲到,从10岁起,讲述20岁、30岁和40岁的成长故事,以及中美关系与中国梦在他成长过程中的发展历程,新时代与旧时代的对比就是一个时代向另一个时代的告别,对比佐证了他想要表达的最重要观点:"我的成长就是中国梦实现的影子。"

横比论证是指同类事物之间对比。如最近网上的新闻,拿中产收入的老百姓和年收入几千万、几个亿的明星比较:"如果一个月收入一万,一年12万,100年1200万,1000年1个亿,8000年才8个亿,可中华上下才5000年。"两相对比,有力地论证了作者观点。

对比论证有一套使用原则:最基本的一点是,对比论证的事物之间具有可比性。这是对比的前提,事物没有可比性便失去了对比论证的必要性和价值。

比如,小明认为吕布单挑厉害,小红认为项羽单挑厉害,可是这两个人根本不是一个年代里的人,如何比较呢?所以小明和小红用对比的方法来说明自己的论点是不可取的。再如,我们普通人跟比尔·盖茨比财富,让牛顿跟爱因斯坦比智商。

因此,对比论证必须建立合理的具有客观性的参照系,也就是一个大家公认的中间对比项,否则对比论证得出的结论不一定可靠。比如,1和3比大小,1来自火星,3来自金星,不是同一种类,这怎么比呢?于是他们两个选出了来自地球的2作为参考对象,都跟2比较,最后论证出3比1大的结论是正确的。

对比论证不是简简单单将两事物放在一起,其最终目的还是论证出自己的观点才是正确的,关键在于抓住两者的不同之处。对比论证的魅力在于最后对两者的结果的评价,对比之后要做出鲜明评价结论,比是基础,互相学习才能提升。

第五章 / 论证与反驳：让人深刻睿智的逻辑

岁岁年年人不同

最近一段时间，在网上兴起了一个名叫"十年对比挑战"的潮流："十年前的你，与现在的你相比较，变得怎么样？（好？坏？穷？富？）"选择一个词语填入这个论点中，然后拿出自己10年前的"证据"来证明这个论点是正确或错误的。

这个挑战在微博上持续多天登上话题热搜榜，阅读量达到15.6亿，讨论量达61万，有无数网友参与互动。在国外的Facebook、Instagram、Twitter等社交平台上，也有数百万网友尝试挑战。

挑战的形式是上传两张关于自己某方面属性的照片，比如，颜值、财富、家庭、事业等，第一张是2009年，第二张是2019年。通过对比反映出10年来，自己在这方面属性上的变化。

在众多参与者中，有的人在这10年间仿佛与时光无缘，岁月不忍伤他们的容颜，参与者中也不乏名人巨星，奥斯卡影后瑞茜·威瑟斯彭在推特上发布了自己的对比照，被网友称为"10分钟对比挑战"。面对持续紧张的美伊关系，有网友晒出了2009年的奥巴马和2019年的特朗普，借此来讽刺美国的霸权主义。有的人从当初的意气风发，进入中年油腻发福。除了人，还有物，10年前活蹦乱跳的小宠物狗，10年后已经是一座小小的坟包；10年前的南北两极冰川面积远大于10年后的现在。

活动已经不仅限于晒照，更多的人通过对比来传达信息，并就自己所持观点呼吁大家做出响应，比如环境问题、和平问题。

对比论证简单好用，通俗易懂，且说服力强，它是一种求异的思维方式，在比较中揭示论点本质，然后自然就能确立论点是否正确。只要对比条件合理，对比论证的运用范围就广泛起来，古今中外无所不包。

关于论证方法，除了具体介绍的这几种，还有很多种，比如，比喻论证、因果论证等。比喻论证用比喻者之理论证被比喻者之理，最简单的例子："春蚕到死丝方尽，蜡炬成灰泪始干。"借此比喻来论证老师无私奉献的精神。

　　比喻论证包含着一定的关系和道理，虽然比喻和被比喻两者是不同事物，但在它们之间存在推理关系。而且喻体大多应该是浅显易懂的物体，然后以一种贴切形象的比喻论证将其内在价值表现出来。

　　自然界和人文社会的内在规律是普遍联系的，而因果论证就在这些联系中产生，任何一个现象造成的结果都必然有一定的原因引发。运用因果论证时，要善于多角度地分析原因和结果，比如要分析一果多因、一因多果。事物的发生、发展揭示出这种因果的必然关系，其中阐述了道理，明辨了论点是非。

　　任何单一类型的论证方法都是有缺陷的。完整、深刻地论述一个论点，不能仅靠一个论证方法，应当把举例论证、对比论证、引用论证、比喻论证等方法结合起来使用。如此，既能证明论点正确，又能增强说服力，让人无力反驳。

4 汉布林论评估论证的三种标准

美国思想家皮尔斯说:"坏推理和好推理都是可能的,这一事实构成逻辑之实践方面的基础。"只有对论证进行评估后,才能判断论证的好坏优劣,只有经过合理性评估的论证才有建设性意义。汉布林论评估论证的三种标准如下:

真值标准

传统的论证评估中,前提评估和推理评估是论证评估中的两个标准,实际上论证评估的标准有四个:1. 前提必须为真。2. 前提必须蕴含着结论。3. 结论可以由前提合理地推理出来。4. 未被明确表示出来的前提肯定是省略的。对于论证的前提来说,简单地说"为真"是不可靠的,需要确切地知道"必为真"。

认识标准

如果论证的前提不能够确定为真,需要选择一个合理的、能够等同的前提来替换,这就是用认识标准来替换真值标准。

表现形式为:1. 前提必须被知道为真。2. 结论必须明确地从前提中推理出来。3. 没有陈述的前提视为理所当然。4. 缺少某个论证的情况下,结论是可疑的。

辩证标准

前两个标准在要求上都比较严格，汉布林认为辩证标准才是最好的。其表现形式为：1. 前提必须被接受。2. 前提到结论的过程必须被接受。3. 没有提到的前提必须是可省略的。4. 缺少某论证时，结论必须不可接受。

辩证标准的核心是"接受"，它最终取代了真值和认识，成为汉布林心中最终认知。

论证评估是论证逻辑的核心，评估标准的确立是论证评估的基础。在《谬误》中，汉布林评述了论证评估的三个标准，真值、认识和辩证标准，三种标准彼此相互兼容、互相补充，体现了论证实践的维度。

从结构看论证

从论证的结构内容组成上来看，前提、结论、论点、论据、论证方式五个方面都已经做过介绍，或许应该找一个特性层面进行分析。从评价其他事物的经验来看，事物的特性最能反映其真实情况，即使外在、内在看起来都很完美。比如评估要不要买下某种零食，从它的外包装和之前吃过的味道来看，值得购买，但是一个包装中的零食数太少了，而且价格远超其他零食价格，从性价比的角度分析，该零食不适合购买。

仿照评价事物的特性来区分事物的好坏，我们可以给论证定下评估标准，这个标准应该涉及论证的诸多方面，最好用一定的特性表示出来。

从论证整体出发，论证应该有着组织良好的结构，没有良好组织结构的论证绝对是充满漏洞的，因为从前提到结论是一个相对漫长的推理过程，只有在相对设定好的狭窄结构中才能保持论证的正确性。

既然是论证，那必须得拥有坚固的逻辑结构，从外表到内在功能都应当是论证的模样。它的结论必须由至少一个前提支持着，结构形式则必然是演绎性或者归纳性，结论必然或或然地从前提中导出。无论是演绎推理还是归纳推理，其不可违反大家公认的逻辑定律。比如，结论与论证中的其他论点、论据相冲突，就违反了矛盾律。

基于实际的判断原则

第一个判断原则：论证结构组织良好，论证遵循推理定律。一般来说前者容易做到，犯错往往在后者。

第二个原则：前提与结论之间要符合相关性、可接受性、充分性。

结构与定律没有问题，我们可以入手具体的内容，查看前提与结论是否存在相关性。一个好的论证结构中，前提与结论一定是相关的，接受了一个前提，也就接受了这个前提推理出的结论。因此，分析一个人的论证有没有明显的不相关性，是否有错误的、没有支持性的理由去支持结论，这是十分必要的。

在判断的时候可以向自己提两个问题，前提为真，结论为真吗？结论的真假需要参考前提吗？举个例子来简化这两个问题的意义：最近有一部电影拥有史上最高票房纪录，判断这部电影质量时，要不要考虑票房纪录这个因素呢？不考虑，这个前提就不相关，反之亦然。

前提与结论相关还不够，就两者的充分性和可接受性上，需要检查前提是否真实明了，前提所涉及的事物是否大众化，而充分性和可接受性有时候难以区分。

比如：小明和小红两人在大学相恋，然后爱情长跑10年，两人真心相爱，但是到了谈婚论嫁的时候，却没有走到一起。

小红要求小明到她家人所在的城市生活，而小明觉得如果那样的话，自己成了上门女婿，而且还要到小红的城市买新房，他不想那样做，最后真爱的两个人就此别过。

"既然相爱，就该结婚。""相爱"的前提相关且可接受，但是充分原则可能并没有得到满足，你有车有房有存款吗？仅仅是相爱，不能够合乎逻辑地导出结婚的结论。

查看前提可接受性时,要求前提不能是不合实际的苛求,尽可能地让所有人相信它为真;如果前提是基于非常少的样本或不具代表性的数据,就违反了充分性原则,看似负责冗多的前提压根儿就没有所需最关键的、不可或缺的证据。

第三个原则:论证的辩驳原则。

论证过程中,难免会遇到反对立场的刁难,此时如果没有将其驳倒,就不能说是良好的论证,这种形式在法庭的审判过程中经常遇到。刑事审判的公诉人必须迎接辩护律师的反驳,并将其驳倒。这就要求良好的论证必须先料想到可能遇见的问题,以便用早已安排好的前提进行反驳。

缺少辩驳性的论证不是好论证,一个出色的论证人能够做到的是对方还没有亮剑之前就已经堵住了对方的嘴。

当我们对一个论证进行评估的时候,可以用以上三个原则进行对比评估,当然这三个方面的总结也只是整个逻辑大家族中的一小部分,除此之外,我们还可用现实的批判性思维进行评估,这也是现实生活中运用最多的评估标准。

5 批判性思维

常见的思维有两种：自然思维和批判性思维。前者是自然的，将事实与错觉混合在一起的思考；后者是对第一层思考的反思性思考，让自己所知更加完善。批判性思维是通过一定标准评价思维、改善思维、合理反思思维，关于它的起源，最早可以追溯到大哲学家苏格拉底。

苏格拉底的"诘问式"

2500年前的古希腊，苏格拉底认为一切知识均从疑难中产生，进步越大疑难越多，疑难越多进步越大。苏格拉底认为自己教授给人的知识是人们原来已有的，并不是他灌输的。他常以提问的方式动摇对方论证的基础，指明对方无知。

欧绪弗洛来法院起诉自己的父亲时，正好遇到了苏格拉底。苏格拉底问："你为什么要起诉你的父亲呢？"

原来欧绪弗洛父亲的手下有两个奴隶，两个人酒后打架，一个把另一个打死，他的父亲就把打人的奴隶绑起来扔在沟中，结果这个奴隶在沟中死了。欧绪弗洛认为他父亲杀死了奴隶，所以控告父亲。

苏格拉底问："你认为控告自己的父亲是正当的吗？"欧绪弗洛十分确信控告是正当的。宙斯的父亲犯了错，宙斯用链条绑缚他的父亲，欧绪弗洛也可以起诉父亲，而且他认为控告自己父亲是神圣行为。

苏格拉底说："你认为控告父亲是神圣的行为，那么什么是神圣呢？"欧绪

弗洛解释神圣是什么，苏格拉底找出与他定义相关的反例。欧绪弗洛说："神圣是诸神所喜悦的。"苏格拉底说："神圣是因为诸神喜悦它而神圣，还是因为它神圣所以诸神才喜悦它？"欧绪弗洛本以为神圣依赖于诸神，苏格拉底却告诉他神圣和诸神是两码事，神圣不依赖于诸神。

苏格拉底又说："宙斯用链锁绑缚他的父亲，如果这些故事都是真的，那么诸神之间是彼此争斗的。他们争斗什么？"欧绪弗洛回答："争斗道德。"苏格拉底说："诸神之间有仇恨和争斗，诸神关于何种行为是公正的或不公正的、神圣的或不神圣的看法存有分歧。"

苏格拉底基于上两个陈述进行推论得出：欧绪弗洛控告父亲的行为不是神圣的，因为诸神没有一致的看法，有些神认为他控告父亲不是神圣的。欧绪弗洛最初的观念：诸神都认为自己的行为神圣。

每个人都相信自己心中的"真理"，但"真理"不仅是真理，也有错觉和偏见。因而我们需要批判性思维寻求自我改变，对思想观念进行审验和评估，以便形成更好的选择判断。

丰田提问法

《丰田精益生产》一书中有一个故事，有一次丰田汽车公司前副社长大野耐一发现一条生产线上的机器总是停转，原因是保险丝总是烧断，更换的保险丝用不了多久又会被烧断，更换保险丝并没有解决根本问题。他五次连续不断地追问"为什么"，最终找到问题的真正原因和解决的方法，在油泵轴上安装过滤器。大野耐一与工人进行了一次问答：

一问："为什么机器停了？"答："因为超过了负荷，保险丝就断了。"

二问："为什么超负荷呢？"答："因为轴承的润滑不够。"

三问："为什么润滑不够？"答："因为润滑泵吸不上油来。"

四问："为什么吸不上油来？"答："因为油泵轴磨损、松动了。"

五问："为什么磨损了呢？"再答："因为没有安装过滤器，混进了铁屑等杂质。"

第五章 / 论证与反驳：让人深刻睿智的逻辑

提问的关键是寻找问题最根本的原因，但是每一次的询问都是对上一个解决办法的否定，然后不断地改进方法。如果只是换上保险丝或者换上油泵轴就了事，同样的故障会再次发生，连问五个"为什么"，可以查明事情的因果关系，最终和企业的利益直接挂钩。

批判性思维的表达方式

提及批判性思维，人们常常想到的是提问方式，其实提问只是批判中最常见的方式，还有很多其他类型的批判方式，比如解释、分析、评估、推论、说明等。

跳飞机
一架飞机正在天上飞，突然发动机出故障了。机上有四个乘客，一个医生、一个画家、一个物理学家、一个哲学家。

机长说："各位，你们也看到了，飞机出故障了，现在你们必须有一个人跳下去，以减轻飞机的重量。"但是谁不想活命？

医生说："我能治病救人，病人都需要我。"

画家说："我的作品刚上了巴黎画展，艺术事业不能没有我。"

物理学家说："人类太空计划需要我。"

最后剩下哲学家，他说："哲学……哲学这玩意儿我一两句话还真说不清楚。不过机长，这些椅子行李统统扔下去，还需要人跳飞机吗？"

医生、画家、物理学家都是运用解释、分析、评估、推论、说明等方法对机长的意见进行了批判，而哲学家怀疑精神的批判似乎更加管用。

批判性思维评估标准

第一，举例说明之后，是否能够详细阐述？比如，曹冲不仅称出了大象的重量，还能够为自己的论证方法提供技术和理论支持。

第二，论证正确性检验。例如，玛雅历法中推理论证公元2012年是世界末日，2012年早已过去数年，那个论证是错误的。对于某些只有靠时间验证的论证，几乎都是在赌博。

第三，从论证的细节和公平性入手。细节出漏洞，这也是推翻一个论证最好的"蚂蚁窝"，而公平性就是强调论证是否涉及论证人自身的利益，是否有情绪影响等。比如一个年轻人去找富豪寻求投资，他对富豪讲述了一系列的公司盈利模式，并论证了可行性，但是富豪在自己的角度上论证后，发现这个投资不靠谱，年轻人只是受到急于求成的情绪影响而故作此态。

这是从思维角度进行论证的评估，此外，本书还会涉及关于逻辑论证中的谬误，把谬误当作论证批判评估的角度也是可以的。"一千人眼中有一千个哈姆雷特"，只要角度正确，适合的批判才是最好的。

6 反驳：特殊形式的论证

用论证驳斥其他论证的一种逻辑形式就叫作反驳。进行反驳的时候，根据反驳对象的不同进行分类，下手点主要有三个方面：分别是反驳论题、反驳论据、反驳论证方式。反驳是推理的一种形式，所以又可以分为必然性反驳和或然性反驳。反驳时采用的论据，与对方论题之间是否存在直接、间接关系，依据这一点，反驳分为直接性反驳和间接性反驳。

看似明确了反驳类型，其实上面的几种类型往往不会单一出现，更多的是几种类型同时出现，而只有抓住其不同的类型本质，才能在与他人的驳斥中立于不败之地。

抢劫还是盗窃？

小明和小雷本是好朋友，有一天小雷利用在小明家做客时的便利条件，在小明喝的水中下了迷药，然后将小明的保险箱拿走获利。

后来小明将小雷告上法院，小雷的辩护律师称："我的委托人没有对原告使用任何暴力手段和其他威胁其人身安全的恶意方式，因此该案件的定性应该是盗窃罪，而不是入室抢劫罪。"

小明的律师仔细分析了被告律师的说法，随后提出了反驳意见："法律条文中对于抢劫的定义是以非法占有为目的，对财物所有人、保管人当场使用暴力、胁迫或其他方法，强行将公私财物抢走的行为，最高可判处死刑。也就是说，即便没有使用暴力、胁迫，但是使用了一定的手段，令原告身体处于不

可反抗状态，然后当场抢走财物，这些行为完全符合抢劫特征，因而这不是盗窃，是抢劫行为。"

法院最后根据法律条文规定，判处小雷入室抢劫罪。原告律师就是抓住了被告律师的论题出发点，直接进行反驳，还不等对方把辩论铺开深化打转转，就从根本上打断了其妄图改罪的念想。

反驳论题首先需要确定对方论题虚假，然后将证明对方论题虚假作为反驳目的，只有反驳论题这一方法是从根本上挖掘对方弱点的反驳，相比较于反驳论据、反驳论证方式，它是一种更加有力的反驳。

反驳论题下还有直接和间接反驳法。直接反驳是通过真实性的命题，直接面对虚假命题进行反驳；间接法是通过另外的，与被反对命题有关联的命题的真假性，进而推理到被反对命题的真假性，以此来反对其论题的真实性。简单来说，无论直接还是间接反驳，都是从论题的命题下手，如果对于各个逻辑之间的概念关系不清晰的人，不建议采用这种复杂方法。

黄鼠狼是鸡的天敌

有科普文章指出"黄鼠狼是鸡的天敌"，因为在落后的农村地区，鸡圈中的鸡经常被黄鼠狼咬死叼走，所以这种说法放在民间来看，确实是正确的。

为了反驳这一观点，有人专门做了一个实验：第一次往笼子里放鸡和鱼，发现黄鼠狼只吃鱼；第二次放进鸡、鸽子、老鼠，黄鼠狼只吃老鼠；最后当笼子里只有鸡的时候，黄鼠狼实在是没有别的食物了，才会选择吃鸡。

这个案例就是通过一个个真命题，对论题"黄鼠狼是鸡的天敌"进行了直接反驳。而间接反驳也是同样的道理，比如：如果想要反驳"小明是个坏蛋"这个看法，只需要另辟蹊径，论证出"小明是个好人"，只要好人的立场被证明了，那么坏蛋的立场就不攻自破了。

直接反驳或间接反驳的难点在于，通常反驳一个命题可能需要你证明好几个命题的正确性，而各个命题之间又可能存在相互牵绊的关系，可能在反驳的过程中绑住自己的手脚，得不偿失。

咸菜有害健康

母亲又在腌制咸菜了,小雪看在眼里,急在心中,因为科普书中提到过咸菜中含有很多致癌物,所以她每次都要阻止母亲吃咸菜。

可每次小雪试图要说服母亲,她都会拿出证据证明吃咸菜没有任何不好:"我小时候,咱们家的邻居是一个105岁的老太太,眼不花,耳不聋,都是吃了一辈子咸菜的好处。你们现在的年轻人啊,就是太讲究,很矫情。"

"可是妈,你说的这只是个别例子,那有的人抽烟一辈子,活的岁数还比不抽烟的人大呢。"小雪同样用个例来反驳母亲。

"我现在都60多岁了,不就吃个咸菜嘛,不至于对身体有什么不健康的影响。"再瞅一眼母亲那已经快要生气的脸,小雪赶紧乖乖闭嘴。

生活中这样的例子屡见不鲜,人们总习惯于用极个别的反例进行意见反驳,当别人也用同样相对的例子反驳时,自己就无法接受,甚至会为此发怒。比如,公司开会的时候,当一个人阐述自己的观点时,总会有不同的声音出现。反对声音会变得很大,然后就是双方你来我往地争论不休,利用各种理由来反驳对方。

人毕竟是人,有时候面对亲人朋友,"反驳"二字就显得苍白无力,也真的不能够反驳,尤其是"战斗力"几乎为零的小时候。

别人家的小朋友

小女孩正在看电视,爸爸想让她去写作业,于是就说:"你该写作业了,怎么还赖在电视前不走了呢?"

"我不想写作业,我想看动画片。"小女孩天真地说,而爸爸并没有惯着她,还是要求她写作业去,女儿也来劲了,就是不去。

"好,你不听话是吧,那我就把不听话的孩子扔到大街上,然后捡一个听话的小朋友回来。"爸爸恶狠狠地威胁道。

"哼,就算你把我扔了,然后捡别的小朋友回来,他们还是不会听你话的,因为你捡回来的小朋友也是因为不听爸爸妈妈的话才被扔掉的。"女儿的反驳让爸爸笑出了大鼻涕。

"周末给你报个钢琴班。"

"你应该学画画。"

"不许再和那个谁一起玩。"

当父母带来强行要求时,我们难免在心中产生抵触的感觉:"为什么我要听你们的?"

"为什么?因为我是你老子!"这是很多爸爸妈妈都会用的刚性回答,没有对错是非黑白,父母拥有绝对真理,孩子就得听老子的话。而且事实证明,"老子"二字不存在被反驳的可能性,反驳的形式不是开头提出的那几种,而是你甩门而去的力道和声响,情感在大多数时候都要凌驾于板板正正的逻辑之上。

避免情感影响,我们再来看一个严肃的法律刑事案例。

自杀还是他杀

在一起案件现场,死者倒在血泊中,现场十分规整,没有打斗痕迹,桌子上放置着一封死者的绝笔信,信中昭示了他生意失败,情场不顺,又遭朋友背叛,在极度的悲伤中,他选择了割腕自杀,而且种种迹象都显示死者是自杀。

令人奇怪的是,墙上有一个完整的、鲜红的血手印,经过手印上的纹路对比,确定这是死者留下的。

警察进行一番调查之后,一致同意将此案件定性为自杀。但是有个探长却不这么认为,当他看到了墙上的红手印之后,他更加确定了这是一起他杀案件。

他是这么反驳的:"正常人的大拇指是绝对不会按出一个完整的手印的,你们可以试试,大拇指的肚子很难正面都朝下。"

反驳论据是确定论据的虚假,通过驳倒论据来驳倒论证,因为论据虚假的论证是不能成立的。与反驳论题相比较，驳倒论据并不等于否定论题，只是存在了一种其他的可能性。

反驳论证是指运用论据证明对方论点和论据之间没有必然的逻辑关系或逻辑关系存在不能成立的错误，从而证明对方论点不能成立。

例如，某大贪官在审判过程中表示：有人贪污没判刑，我贪污，也不应该判刑。公诉人对她的说法进行了逻辑上的反驳：有人不判刑，难道你就不判刑吗？有人能活100多岁，你也可以活100多岁吗？有人身高两米，你也身高两米吗？如果所有贪污犯都不判刑，那么你也可以不判刑。这是典型的三段论中的论证方式。驳倒了论证方式，不代表驳倒了对方的论题，只能证明论题是不成立的。

反驳似乎成了人们人际交流中的一种习惯，那么这种"抬杠"的习惯从哪里来呢？当我们的祖先在原始社会的时候，遇到危险的动物，他们马上会以最快的速度逃跑。现在的"危险动物"是无形的，远古时代流传下来的习惯会告知，别人对我们观点和行为的否定就是一种危险，因此会出现反驳别人的现象，这其实是一种心理防卫机制。

比如自己的观点被别人否定，感觉很难受，于是强烈反驳别人，讨论会变成辩论会，甚至演变成吵架，问题没有解决，矛盾却升级了。因而这种习惯性防卫对现代环境是非常不利的。而要想解决反驳的麻烦，需要进一步了解反驳的特征。

反驳层次

如果你不理解反驳的抽象概念，不要紧，可以简单地理解为："你看不惯我，我看不惯你，我就要针对你的说法'怼你'。"那么这样的反驳会出现一种大家经常见到的情景，两个人因为一个观点，争论了一天，有时候一些重大的科学理论可能要争论几个世纪。为了能够解决这个问题，根据现实里反驳的程度轻重，可以把争论分为多个层次。如下：

最Low：直接辱骂。当别人提出不同的意见时，"我去年买了个表"一句话

搞定,这是最低层次的反驳,甚至是武力相逼,面对这样的反驳者,建议不要与其一般见识。典型比如:秀才遇到兵,还想说得清?

接着是"不分青红皂白的双重标准"。这一层次的人在反驳的时候,不会因为观点内容的本身而反驳,仅仅是因为他看不惯你,别人存在同样的事件,反驳者却看不到。到你身上,你的学历、人品、能力等,上来直接就是否定。比如社会上存在着所谓的专家、教授,固执地持一种观点,对于其他任何反驳都当作错误来对待。

第三种,鉴于你批评语气和说话态度而反驳。因为说话语气和态度问题,即使你是对的,还是会遭到他人的恶意中伤,这是搅屎棍们最喜欢干的事情。比如:某个土里土气的煤老板来到房产销售部门买房,接待他的服务员一看他的样子肯定是没钱买房的,因此态度冷淡。当煤老板问到某个别墅多少钱的时候,服务员用看不起的口气回答:"那套别墅几千万,你买得起吗?"煤老板反驳的方式很粗暴:直接立马买下来。

第四种,无理由反对:这一层次的反驳不需要理由,好比:"不爱就是不爱,得到我的人也得不到我的心。""没有理由,就是反对转基因。"类似这样的理论,是不能够靠逻辑论证让他们信服的,俗称"咬死口,认死理",一旦咬住,决不松口。

接下来转入正轨,提出反对的观点、简单理由或反例进行正确的反驳。例如,某官员原来一直以"清官"自诩,后来被纪委查出在"清官"的幌子下面,他贪赃枉法、无恶不作。

更进一步的反驳方式是牢牢抓住细节失误,一口咬住,一剑封喉。例如:有人曾说四川频发地震跟三峡工程有关系,而事实是四川自古以来就是中国地震发生较为频繁的地区之一,并且有明文记载。

最高境界就是抓住主要观点进行反驳,这是反驳过程中最重要的方式,但在现实中却鲜有人用到。比如,小明说:"明天肯定下大雨,因为我看到蚂蚁搬家了。"小雷说:"我就是不信,气死你。"于是两个人就蚂蚁搬家的问题大吵起来。实际上他们的反驳转变成了情绪宣泄,而真正的论题是:"明天到底下不下雨。"我们经常在与他人的反驳中被带跑偏,其实需要证明的是主要论

第五章 / 论证与反驳：让人深刻睿智的逻辑

题，而不是情绪本身的对错。

对主要观点的反驳一般符合这样的形式：你方观点是……针对此观点，我方相对应的观点是……然后列举论据进行论证。这也恰恰体现出了将反驳进行分级别、分类别的好处，只要能够明白对方的反驳等级，只需要做到更高一级的反驳就能堵得对方哑口无言。从最Low的层次开始，通过规范努力，可以到达高层次。

与前面概念化相比较，以上更贴近事实的分类更值得我们深思，因为针对恶意不讲理的反驳，如何更好地反驳可以依据此得出改进方法。

对方反驳时，首先要看到彼此不同之处，这取决于不同人的性格和处事方式。第一反应是反驳，然后开始推销自己的观点，强压之下，即使别人口头上装作认同，心中也会不服，所以不要盲目地反驳。

对于反驳需要抱着一种学习的态度，别人的不同之声很可能就是自己的缺陷之处，对于自己的论题，或许还有更好的角度去阐释。当一个人因改变而变得完美时，他会感激当初那些反驳他的人，这些反驳可能来自前面提到过的任何一个层次中，而且形式多样化，因而反驳在适当的时间里是一种积极的鞭策。清康熙皇帝在晚年的千叟宴上说："鳌拜、吴三桂、郑经、噶尔丹，他们是我一生中最大的几个敌人，我恨他们，也敬他们，因为他们的反抗作乱，逼着我立下了这丰功伟业。"

如果对方实在是不讲理，咄咄逼人，那也只能拿出咱们的反驳绝活与之一战。严谨的逻辑反驳对待耍无赖的方式就显得无可奈何，或者不予理睬，或者以其人之道还治其人之身。

反驳别人是人类在生存中遇到威胁的应对本能，为的是活得更好。同其他刻板严谨的逻辑一样，反驳也应灵活掌握运用，切忌生搬硬套，争取做到以理服人。

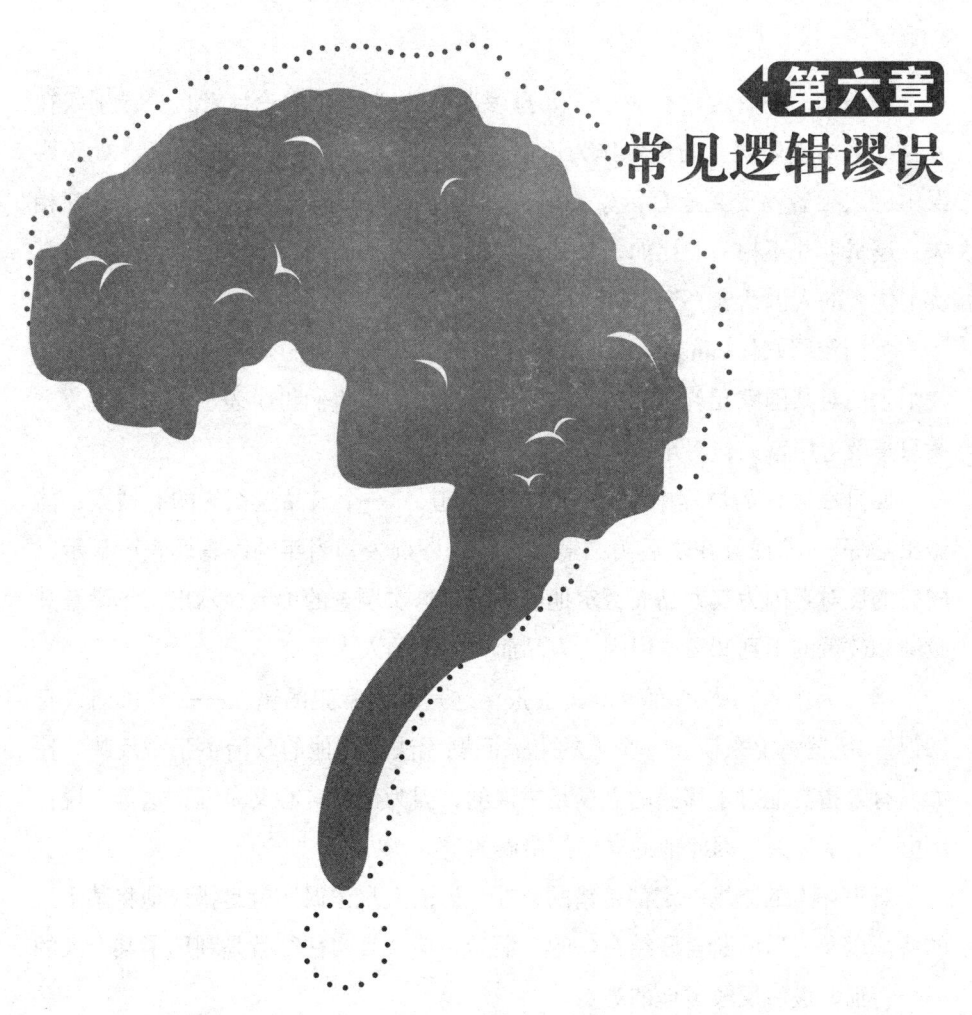

第六章
常见逻辑谬误

1 诉诸人身谬误

先来看一下百度百科对于"人身谬误"的解释:"用论证者自身或别人在人身即人格或处境上的优势作为论据,来论证某一个命题的真理性。"处于谬误中的人很容易受到心理因素影响,即他所谓的论据与论题之间只是心理相关,逻辑上并不相关。比如,某某名气很大,人格高尚,他说的话可信,可事实上优秀的人说话未必全对。

美国校园媒体Campus Reform曾经发布了一段街头的采访视频,主要询问大学生们对某国家元首税改的看法。视频当中的学生们纷纷表示,这种税改方案只惠及上层富人,对于中下阶层是个灾难。

而且在采访的过程中,有一位同学说道:"一个人品这么烂的有钱人,能做出啥好事?"而且在之后美国盖洛普调查咨询公司当年的民意调查中显示,65%的反对者因为其人品而否定他的政绩。这次调查的细节显示出,不满意其政绩和政策的不到30%,但因为人品而否定他的人占了65%。

因为一个人的人品而否定其主张,这是我们常犯的错误——"诉诸人身谬误"。从逻辑上来说,一个人的人品问题无法通过他的政治主张来反映。比如,有人指责他对于移民的立场是错误的,因为他又贪心又卑鄙,这等于说:"由于他是坏人,因此他的立场是错误的。"

难道坏人的立场一定都是错的吗?"诉诸人身谬误"就是错误地将某个人的特征以及之后的断言联结在一起,混为一谈,其实往往就是利用了某个人的一个特征,最后反驳了他的观点。

"谬误"是人们思考过程中出现的错误推理形式。逻辑是能通过推理了解事实，而非是内心对一个人的情感认知。通俗地来说，"人身谬误"就是"对人不对事"。

《三国演义》中诸葛亮舌战群儒时，吴国儒士的问话："曹操虽挟天子以令诸侯，犹是相国曹参之后。刘豫州虽云中山靖王苗裔，却无可稽考，眼见只是织席贩屦之夫耳，何足与曹操抗衡哉！"和"孔明所言，皆强词夺理，均非正论，不必再言。且请问孔明治何经典？"其中都是对刘备和诸葛亮进行人身攻击——一个织席的和一个没写过经典著作的人如何能登大雅之堂，论国家大事。

通过攻击说话的人，来攻击他的论点。这种方式多见于"键盘侠"，他们攻击对方的身份，通过骂人来抨击对方的论点，"人不行，所以观点也不行"。

当你和他讨论健康，"多喝水，有利于新陈代谢"。他不会和你探讨"喝水利于新陈代谢的原理"，反过来转移攻击你："你这么胖，身体又不健康，所以你提的建议势必不靠谱。"

在《奇葩说》里，熊浩提出一个观点：有效陪伴的时间标准，是家庭里的成员说了算，孩子的看法比第三方强制规定更重要。傅首尔则避开问题，针对熊浩本人进行攻击：你没有结过婚，所以你对家庭的看法就没有价值和说服力。

总而言之，人身攻击时不一定是直接进行攻击，也可能是通过背后捅刀子、暗示听众等方式来造成对对方人格的质疑，你试图用你对别人人格的攻击来取代一个有力的论述。比如，小明品行非常差，一些人在评论他时以他的人品为理由，将小明所有断言、观点、理论等全部否定，这就是"诉诸人身谬误"最明显的表现形式。可实际上，一个人的缺点并不能证明此人其他方面的错误。

敬老院院长说："打算继续开几家敬老院，多赡养老人的同时，还能够赚更多的钱。"为此有很多人批评他说："原来你开敬老院就是为钱，真是个贪财的人，以后你再开敬老院也没人去。""赚钱"是院长继续开敬老院的原因之一，批判者单单抓住"赚钱"这一点进行曲解判断，而"新开的敬老院好不好"也和"赚钱"没有关系，完全是评论者的"人身攻击"。

115

德国哲学家黑格尔在《谁在抽象思维》中也举过这样的例子。一位女顾客说卖鸡蛋的老太婆："你卖的鸡蛋怎么是臭的呀？"然而得到的却是老太婆的骂声，她将女顾客全身上下从头到脚编派了一番，从围脖、帽子，到女顾客的亲属全都骂了一遍。这里老太婆同样是犯了"诉诸人身谬误"的错误，因为女顾客和她"对于鸡蛋的看法"不同，所以她就想尽一切话来对女顾客进行反驳，妄图通过攻击人身来证明自己卖的鸡蛋是好的。而结果是，不论女顾客还是路人，都不会认可老太婆这样的说法能够证明她的"鸡蛋是好的"，反而都会在心中觉得老太婆这样说话是不对的。

当一些人在说话时犯了"诉诸人身谬误"的错误时，应该如何反驳呢？首先要明白"诉诸人身谬误"的重点就在于"曲解他人"，片面强调"人身攻击"而忽略了正面的、积极的评估。

当我们对这些人进行劝导时，需要将人自身的品行和行为分开讨论，不要因为一些品行和行为触动判断神经，从而持不正确态度。鼓励大家多看对方的优点和长处，若对方无可挑剔，那么可以多发现对方的缺点和不足。

所以，只有让这些人对"人自身的品行"和"行为"的区分持有一个正确的价值观时，才能避免陷入"诉诸人身谬误"的判断中，也才能够避免影响其他人自己本有的认知和判断。

2 因果关系谬误

"因果倒置"是在相对确定的条件下,原因和结果相互颠倒而引起的逻辑谬误,表现形式如下:两类因素A和B存在紧密联系,A是B形成的原因,那么要削弱A,便说明并非A造成B,而是B造成A。例如:所有富豪都有法拉利,因此想成为富豪,你也应该先有一辆法拉利。

例子中误认为拥有一辆法拉利就可以成为富豪,真实的因果关系应该是:由于富豪拥有了大量财富,因此才有能力购买法拉利。又如,有机物腐败与微生物入侵存在一定因果关系,按照正常认知:后者是因,前者是果。有人却认为是有机物腐败才引起微生物入侵,颠倒了两者真实的因果关系。

人们经常会陷入因果倒置的谬误中,且很难觉察它的存在,因为这一思维谬误经常以一种底层、后台模式进行运转,所以一般人不易发现。与其他能够明显发现的谬误理论相比较,因果倒置的谬误其普遍性、广泛性、渐进危害性更胜一筹。

孙乾与朋友逛书店时,朋友拿起一本书推荐说:"这本书可以买,非常好。"孙乾好奇地问道:"哦?好在哪里?"朋友回答:"因为它的作者获得过诺贝尔奖。"孙乾一时无语。

孙乾朋友的话有什么逻辑问题呢?朋友把"这是一本好书"当作"结果",把"作者获得过诺贝尔奖"当作"这是一本好书"的"原因"。这样的谈话确实存在一定的相互联结,并且看似符合逻辑般地进行了"因果"定义。但是细想之下,"好书"与"作者获得诺贝尔奖"没有直接"因果关系",这句话犯了"因果倒置"的逻辑谬误。

结论看似证据确凿、貌似合理时，先不要急着相信，而要从正反两个方向梳理一遍。正向梳理：结论能否通过实验证明？实验如何进行的？是否在权威杂志上发表过？没有客观数据的可信度可以先打个对折。反向梳理：问自己，结论反过来成立吗？比如：先买一辆法拉利就可以成富豪，哪有钱买法拉利呀？问题一下就出来了。

因果倒置谬误的危害是渐进的，不会马上呈现，需要一定的过程，可能一两天，甚至一辈子。生活中会遇到成千上万的事，一些事情的发生都可能有偶然性，不会经常出现。比如说考了满分、升职加薪、癌细胞消失，很多人会将这些偶然性归因于"运气好"，实际上，考试中考了满分是因为努力学习，工作时得到了升职加薪是因为认真工作，而癌细胞最后消失是得益于及早治疗和健康心态。

事情的原因常常由多种理由构成，大脑极易通过简单的理由编造来强加逻辑，将原因简化，并赋予其因果关系。例如：老王女儿高考考了满分，那是因为小时候读书就好。这里的因果关系谬误是：考满分的原因有很多，如读书刻苦，临场发挥出色等，在这里，老王女儿小时候读书很好只是其中一个原因，具有相关性，并不能得出唯一因果性。

再来看一个例子：一个人长寿的原因有很多，运动、饮食、情绪等。在某地，专家观察到某几个百岁老人经常在睡前喝点小酒，于是得出结论："想长寿必须睡前喝酒。"事实上，长寿的人只是心情开朗，随心随性，喝点小酒怡情罢了。

这种专家运用的因果谬误，成功欺骗了大家，也成功欺骗了自己，可悲的是这种谬误理论还真有市场，因为谬误本身的新奇满足了人们八卦的本能。比如英国某研究机构说，科学家已经破解了人类长寿基因，证实了长寿和运动饮食没关系，只和"社交参与度"有关，长寿归因于社交就是一种典型的因果谬误。

那么，在说话时，我们应该如何去想办法应对对方的这种"神逻辑"呢？当有一些人用一个自己所认为的原因去解释一件事情的时候，会不加思考盲目进行"因果关联"，不思考其他可能的原因，或者是喜欢用更近的一件事去解释现在所造成的"结果",进而就可能对他人的认知和观点造成影响,最后可能造成糟糕结果。

比方有人说:"我喝过他们药厂的一款药,感觉没什么作用。""这个地方的路边停靠的车都是跑车,这地方的人平均收入一定很高。""昨天晚上我路过那边的一个小区,看到好多人家都没有亮灯,所以那里的房屋空置率应该会很高。"很明显这些话都是错误地联结了"因""果"所造成的。最有力的反驳就要查明白这个药厂生产的药物药效如何,了解某个地方的平均收入、某个地方的房屋空置率等数据。反驳这个逻辑,数据是非常重要的。比如,借助政府公布的相关数据,科学的数据是最有说服力的证据,完全可以把对方驳倒,否则双方越说越乱。

类似的总结还有很多,比如孝顺的孩子婚姻幸福,出门吻一下伴侣收入会更高等,这些虽然未必都是错的,可一旦错误可能真的会"误终身"。人们为什么会经常掉入因果谬误的坑呢?这与大脑的思维机制有关,人在思维上本就是一种爱偷懒、联想的动物。人们会把种种现象进行联想、归因,如果原因太多,为了节省时间就选择一个简单的表达方式。

所以当事情发生的时候,应该去思考什么才是这件事情真正的"因"?说话之前对这件事和自己思考所认为的"因"进行相互关联,要非常谨慎,因为可能将一个错误的"果"误认为和"因"相关。

现实情况很复杂,很多事情的确互为因果,我们不需要一味保持审慎的怀疑态度,要不然活着有多累呀,在不影响大局面的前提下,尽可能地让人生保持一种从容姿态,当然更要能通过思考,揭穿谬误。

3 预设谬误

死都不怕,还怕活着?

过去一段时间,在网上有过多则"游客景区跳崖自杀"的报道。比如,峨眉山景区公安分局官方微博发布警情通报称,乐山市公安分局峨眉山景区分局金顶派出所接群众报警:在峨眉山景区金顶"瑞吉山石"处,一女子不顾他人劝阻跳崖。

在网络视频中可以看到,很多游客纷纷对女孩招手,并且向她大喊:"快回来。""听听我们的话。""你还有爸爸妈妈。"女孩一言不发,背对游客从山顶上一跃而下。

搜救结束,女孩已不幸身亡。事发多天之后,网友在微博上传了该女子生前留下的遗书,开篇第一句便是"我得了一种病,叫抑郁症"。整个遗书充满了压抑、痛苦、歉意、无奈,最后只留下一句:"人世间的诸位,今生,我就走到这一程,再见!"

很多抑郁症患者也曾经多次自救,但是最终却没有什么结果;也曾经去寻找人倾诉,但是很多人却将此当作脆弱、想不开。女孩写道:"我想说不是的,我从来不是个脆弱的人。"女孩说自己无时无刻不被两种情绪所控制:选择解脱的死亡和背负家庭责任的苟且偷生,最终还是走上了极端。

一时间,微博关于这封遗书的留言就有一万多条,有人指责,也有人理解,但是更多的人却想不通:既然连死都不害怕,为什么还会怕活着?

从逻辑问题上看这句话:"你连死都不怕,还怕活着吗?"前提条件:

第六章 / 常见逻辑谬误

"死"是最坏的结果。但是对于很多人来说,死并不是最可怕的,最可怕的是自己一直以来坚持的信念被摧毁。如果不能坚持自己的信念、理想,那么即便苟且偷生也没有任何意义。很多人拼尽全力面对生活中的苦楚,并不是别人一句"你连死都不怕,还怕什么"就可以诠释的。

"你连死都不怕,还怕活着吗?"在本质上并不成立,根据会话合作原则,只有双方都默认这一前提条件,这种劝解才有效。大多数寻短见者,正是因为"害怕"活着,才了结性命,抑郁症患者听到这句话会愤怒,觉得自己不被理解,甚至受到了侮辱。

我们先来了解一下"预设"即"预定假设"的意思。而"预设谬误"是指预先假设了一个未经证明或虚假的前提,然后在该前提下进行看似合理的推理。预设谬误在推理时,总是基于某些假设,大多数情况下,这些假设并不显示推理的理由,而被当作隐形的前提。因为其隐形功能,当最基础的前提出现很小的问题时,不易察觉。明眼人也得经过仔细分析前提,才能得出"前提就是错的"的结论。

预设谬误的推理前提经常出现三类问题:偶然、丐题、复杂问语。偶然(逆偶然)是用个别事例推翻整体事例,简单理解就是以全概偏和以偏概全;丐题谬误就是论点在被论证之前就已经在前提中为正确观点,上面的自杀案例就源于这一类,其形式为:因为P,所以P;复杂问语是问句中就已经隐藏了对观点的直接表述:"你停止过偷东西吗?"无论是否停止,你都偷东西了。

"内蒙古人天天喝马奶酒。"

"河南人都是骗子。"

"新疆、西藏不太平。"

"东北人都打老婆。"

国内关于地域歧视的话题从来没有停止过,外地人看不起河南人,上海人视外省人为乡下人,港人看不起大陆客。即便是本省内部也不是铁板一块,不同的城市之间也会彼此瞧不上对方。

这就是犯了预设谬误中的偶然性错误,这是一种情感带动下的逻辑谬误。这种地域政治、经济、文化所带来的差异,我们无法解释,所以大家选择

不解释，用一种错误的逻辑来讽刺对方。诸如此类的还有种族歧视、性别歧视等。

你应该为我让座

某公交车上，一位孕妇因为没有给老人让座，待孕妇起身准备下车时，老太太便破口大骂，埋怨孕妇让自己站了好几站，不给自己让座。

女子解释说自己是个孕妇。谁知老太太毫不示弱："孕妇咋了？你们年轻人难道不该给老人让座吗？"

老太太这一言论顿时引起周围人的不满，有些看不下去的人批评道："你没有怀过孕生过孩子吗？"老太太听后更是各种污言秽语。

以上案例中老太太的问句："孕妇咋了？你们年轻人难道不该给老人让座吗？"这句话的主题是"让座"，不管你什么情况，只要你符合"年轻人"这一特点，就必须让座。隐藏的前提是"年轻人让座"，这就是预设谬误下的复杂问句错误，如果按照这种逻辑思考，腿脚不利落，或者身体不适的人群该怎么办呢？

其实座位并非老人专享，老幼病残孕等特殊群体皆享有优先权。除此之外，还包括其他有需要的人群，包括过度劳累、身体不适等情况。

解决预设谬误的方法可以相对分为三个方面。针对偶然（逆偶然）问题，需要在平时丰富健全思想品质，针对个例，能通过冰山一角正确看到全貌，避免以偏概全或以全概偏。当然了，也不必死板地拘泥于纯粹逻辑的框架束缚，有时候小小的玩笑是朋友间的调和剂。如一个东北人可以跟内蒙古朋友开玩笑："论喝酒，你们内蒙古的先坐下。"

丐题谬误需要一个人在设想推理的时候，认真思考得出这个结论的前提是否客观存在，比如自杀案例中的"死比活着好"，对于"死了好"的前提支持依据是什么，这本身就是个概念，真假未知不能作为推论的前提。

复杂问句的解决办法在于平时的说话之道，能够提出这种问题的人，其思维逻辑必是混乱的，于人于己都不利。语言本身就是一门逻辑艺术，从最简单的逻辑入手说话，让别人舒心，让自己少麻烦。

4 稻草人谬误

大家可能会对"稻草人谬误"这个名字感兴趣，为什么叫"稻草人谬误"？稻草人谬误是指："论辩中有意歪曲理解对方立场，或者回避对方较强的论证而攻击其较弱的论证。"这是一种错误的论证方式，其目的在于说服对方，推翻其观点。

例如：什么时候才打算叫那个两次因涉嫌强奸而被起诉的大卫·巴灵顿起来接受质询？好吧，我重新表述一遍。辩方律师究竟要到什么时候才打算叫大卫·巴灵顿起来接受质询？控方律师在发言中就犯了稻草人谬误，他刻意强调了"两次因涉嫌强奸而被起诉"。

在逻辑结构中，"非形式谬误"指的是论证过程中逻辑结构错误之外的错误，其中"不相干谬误"是指论证的前提与结论之间毫无逻辑关联的一种不当推理方式，又叫"制造假冒论据"，而"稻草人谬误"是"非形式谬误"中比较常见的"不相干谬误"。

比如："人为什么要吃饭？因为人不吃饭的话种粮食的人就会赚不到钱。"问答中，"人不吃饭种粮食的人会赚不到钱"的表述是存在一定正确性的，因为我们可以考虑一定的特殊语境，但是单纯就这句话的逻辑而言，两者基本无关。

稻草人谬误的表现形式为：给出与概念域A完全无关的概念域B，然后对B进行论证，这个论证可以是证明，可以是伪证。概念域A与概念域B必须完全无关或者几乎完全无关，这就叫稻草人谬误。如果论证的概念域B是概念域A的子域，而非概念域A的外部某区域，那么这不叫稻草人谬误。

为什么那么穷还要生孩子?

案例:2015年8月有这样一个报道:1995年,四川省遂宁市蓬南镇三台村村民何洪在上海打工时组建了一个家庭。截至2012年7月,何洪和妻子两人已生养了11个孩子,几乎所有的孩子都上了户口,这一家仿佛就是现实版的"超生游击队"。何洪在接受记者采访时解释道:"存钱不如存人,多一个孩子就多一分希望,只要一个孩子出息了,再带带兄弟姐妹,一家人的命运就改变了,也能为国家多做贡献。"

这篇报道出现后舆论哗然,网民们大都指责何洪的超生做法:"为什么那么穷还要生孩子?""穷了你就别生孩子好吗?""穷还养不起孩子为什么要生下来让他们受苦?"网民们的意思大都在问:"你那么穷,干吗还要生孩子?"

"穷就不能生孩子"这个观点是不对的,从现实来讲,世界上并不是所有人都是富人所生。无论是贫贱还是富贵,都能生孩子,即使是对于像何洪这样的穷人来说。贫穷和生孩子之间是并没有直接关系的,如果很多人都等到以后"不穷"的时候再去选择生孩子的话,只会耽误自己年轻时的岁月。

"穷就不能生孩子"的观点背后是一种对于婚姻家庭的错误理解,这句话中甚至传输一种"只有富有的人才可以生孩子"的极端思想,试问:那些说风凉话的网友自己能够做到"穷就不去生孩子,富有的时候再生孩子"吗?很明显是不可能做到的,他们这样评价别人只是一种不讲道理的道德绑架,妄图使所有在穷的时候生孩子的人陷入一种不负责任的境地。

2018年9月21日最新的统计数据表明,世界上还有7.5亿人处在贫困线以下,如果按照"穷就不能生孩子"的观点来看,难道他们都不能生孩子吗?很明显是不可能的,每个人在这个世界上都是独立的,如果将"穷就不能生孩子"强加到世界上7.5亿人身上很明显是不可能的。这里我们也可以更进一步地看出"穷就不能生孩子"这样的说法只是一种赤裸裸的道德绑架,是一种天真无知的表现,也是一种毫无意义的指责和侮辱,不会对我们现在的世界有丝毫的影响。

"你那么穷,干吗还要生孩子?"这句话语言逻辑就是错误的,下面让我们来进行分析:发言者将表示人财富状态的"穷"与人生育状态的"生孩子"

这两类词强行进行拼接产生关系,最后同时出现在一句话中,歪曲了两个词的本意,并形成了一句充满歧视含义的语句。

在分析这句话时,我们应该将"穷"与"生孩子"这两个不相关的词拆开,"穷"与"富","生孩子"与"不生孩子"进行比较。所以,这样对这两个词进行直接的关联是毫无意义的,这句话也是不对的。

论证观点中要对事不对人,紧扣论证给定的论点。如果为了削弱对方的论点而故意歪曲其论证,就犯了稻草人谬误。如果因为我们无心之下误解某个论证而犯了思维认知错误,这并不是稻草人谬误,定义说得很清楚,稻草人谬误是有意歪曲别人的论点。

例如:小明表示自己喜欢大风天气,小红就斥责小明冷血无情,因为大风来了会造成很大经济损失。其实小明的意思是大风天气中凉爽的天气,小红则歪曲了小明的意思。

移民就是不爱国

2018年10月29日,李咏妻子哈文在微博发文称:"在美国,经过17个月的抗癌治疗,2018年10月25日凌晨5点20分,永失我爱……"很多网友看到这条消息的第一反应是不敢相信这位带给我们无数欢笑的主持人李咏就这样离开了。

当初李咏夫妇刚离开国内时,网上骂声一片,网友称其"背叛祖国""赚够了钱,就移民国外"。如今真相大白,无数人欠李咏一声道歉,但同时也有个问题需要反思,移民就等于不爱国吗?

例如:小明说自己喜欢某些日本文化艺术,小红立马骂小明是汉奸卖国贼。其实真正地"喜欢日本艺术"与"喜爱日本军国主义"是完全不同的两个概念。这就是稻草人谬误最常见的负面思维延伸和偷换概念。

如何简单判断稻草人谬误?如果有人攻击他人的某个观点的某个方面,比如小红攻击"小明喜欢日本文化",此时要判断攻击者是否客观、公正、全面看待这个问题,如果没有,这就是稻草人谬误。

稻草人谬误是逻辑思维中必然存在的错误认知,我们能做的是了解它的原理,在陷入错误时及时醒悟,这种必然存在的错误没有根治方法。

5 滑坡谬误

滑坡谬误经常使用一连串的因果推论,夸大每个环节的因果强度,最终得到不合理的结论,这一种逻辑谬论,将"可能性"转化为"必然性"。一个推理存在不同可能性,滑坡谬误却武断地将某个可能性引申成为必然性。

从字面意思来理解,"滑坡"大概就是一种一路下坡的状态,第一个结论不合理,然后根据这个不合理结论去推理下一个结论,必然再得出不合理结论。而滑坡谬误甚至不用照顾上下推理的逻辑联系,只要有理论可能,那种不良状况就会发生,而且是呈滑坡之势,不停地糟糕下去。

滑坡谬误的表现形式为:如果发生A,接着发生B,接着发生C,接着发生D……接着就会发生Z。从A到Z的过程基本多见于消极影响,就像一个滑坡。

例如:小红和小明跟随大家来到海岛旅游,小明说:"如果咱们与外界失去联系,困在这里10年,没有吃的东西了,最后就会人吃人。"理论上来讲似乎存在这种可能,但是实际考虑,除非回到鲁滨孙时代,否则现代社会很难被困旅游海岛,与外界失去联系。

案例:A国政府不允许任何宣传媒介上出现关于肉类的广告,原因是这样会导致国家灭亡,因为肉类会让国民整体发胖,患上高血压等疾病,然后失去保护国家的战斗力。没有广告之后,很多爱吃肉的人还是会想尽一切办法去吃,为此政府下令关闭所有的养殖场,民间也不许养鸡、养猪。A国成功转型成为素食主义国家,可能还需要禁糖、禁脂肪、禁酒等,因为这都会对国民的身体健康造成影响。

一件事情发生时,滑坡谬误会把讨论重心意淫到其他极端事件之中,造成无端恐惧,这种影响可能是长时间的,而且会从一件事的经历中被提取出来,然后强加到每一件事中。比如偶尔一次玩游戏没完成作业,上课被老师骂,然后无心学习,最后一无所成。

A国的例子是滑坡谬误与灾难化思维的结合。此外,滑坡谬误还会带有强烈的情感倾向。比如某人买了一辆日本丰田车,反对者说:"你买日本货,日本公司就会盈利;日本公司盈利,日本公司就会发展壮大;日本公司发展壮大,日本国力就会成为世界第一;日本国力成为世界第一,日本就会侵略中国。所以你买日本货就是在帮助日本侵略中国。"

这一套推理出来之后如行云流水,貌似有一定道理,可这种逻辑根本站不住脚,这是受我们情感的带动和内心焦虑的表现。大多数人都会为可能发生的坏结果焦虑,不自觉地将事情往最坏的地方去联想,紧接着又会根据这个推论出来的坏结果,进一步进行推论,得出更坏的结果。

在电视剧《虎妈猫爸》中,虎妈因为自己从小就是被父亲用激发焦虑的方法抚养大的,所以她是真心相信世界很残酷、不得第一就等于失败。导致她会为孩子的所有事情焦虑,她必须早日让孩子适应现实、准备战斗,她认为如果不这样做,孩子就无法在社会上立足。

但是她说的这些有道理吗?难道孩子一生中,除了家人,就不会遇到任何真心的朋友,也无法交到好闺密?难道遇到所有的老师都不喜欢她,对她没有丝毫感情吗?难道她步入社会之后,也无法与单位所有同事搞好关系,无法适应这个环境吗?显然不是,她只是将孩子未来的一种可能性,进行了无限地延伸,从而导致苛刻到几乎难以形成的结论。

滑坡谬误是一种逻辑谬论,即不合理地使用连串的因果关系,将"可能性"转化为"必然性",以达到某种意欲之结论。使用滑坡谬误的诡辩者,往往使用很长一串级联在一起的推理。这些推理中,很多都只是概率性的,而诡辩者故意说成是必然性的,于是可以从一件事最终"推理"出几乎毫无联系的结果。

在网络剧《万万没想到》中,白客饰演的王大锤有一句非常经典的台词:

"只要我再工作几年,我就会升职加薪,当上总经理,出任CEO,迎娶白富美,走上人生巅峰,想想还有点小激动。"一个喜欢幻想的人,将一切都想得那么顺理成章,将所有的事情都想成必然,这是滑坡谬误的乐观化表现。

滑坡谬误的问题在于,每个事件都可能导致不同的结果,但是其因果强度并不一样。有些因果关系只是可能,而非必然,有些因果关系相当微弱,在有些事件之间因果关系还未知的情况下,便一路从事件一推论到事件九,并且还认为事件九必定会发生,显然并不能说得通。

有两种方式可以应对滑坡谬误,回归效应和集中议题。回归效应的理解类似于波峰波谷中间的横线,不管波动如何起伏,都以这条线为基准,走到极端意味着是时候回到正常值了,自己要把握好回归的时机,切勿越走越远。集中议题的意思是一次只讨论一件事,这在婚姻生活中比较常见,本来解决的是眼前的小事,却总翻旧账,然后一路滑坡扯得太远。

滑坡谬误能产生某种不可低估的说服力,让许多不相干的事物纷纷掺杂进来,因此要多运用"回归效应"与"集中议题",理清思路,拒绝糟糕结论。

6 非黑即白谬误

小时候我们看电影只分辨两种人，好人和坏人。因为我们从小在教育中学到的真理就是非黑即白，所以凡事都要给出绝对答案，父母的教育亦是如此。这种思维模式就是把一切事物分成两类，人不好就是坏，事不成就是败，话不真就是假，选择不对就是错。

黑、白比喻两个极端，非黑即白指在两个极端结论中选择其一，又叫作简单二分法或两端思考。论证形式："因为不是黑的，所以是白的。"

例如，一项计划有20%的人表示反对，公司老总直接认为只有20%的人反对，那有80%的人赞成，所以执行计划，结果计划执行失败，因为20%的人表示反对，并不意味着有80%的人赞成，那80%里可能有60%不表态。

理论上黑白分明，但现实中不全是这个样子，再坏的人内心也有柔软的一面，再好的人背后也有隐藏的黑暗。这种极端谬误常受个人情感支配，只要看一个人不顺眼，这个人里里外外上上下下都看不顺眼。非黑即白谬误在爱情关系中十分常见。

就是不爱我了

男女闺密约在餐厅见面，男孩教训女生："你说你这么大年纪的人，一点判断能力也没有。他的聊天记录你看了，这样的人根本不是真心爱你。他要是真的爱你，一定不会这样伤害你。"

"可是他的一举一动也不是装出来的啊，每天给我热牛奶，我怀孕的时候

每天研究怎么带孩子,我生病的时候放弃重要客户赶回来,纪念日提前准备礼物,这都是真心的。"女孩忍不住解释。

男孩似乎更加生气:"你当初放弃工作,跑这么远来找他,从一个小公主活脱脱变成一个带孩子的家庭主妇。如果他真的爱你的话,舍得让你这样吗?"

情侣之间某一方出现一些错误,无论做出什么解释,都会被一句话指责:"如果你爱她的话,就一定不会这样伤害她。"有时候因为这种逻辑,另一方开始思考对方爱不爱自己,从而陷入新的矛盾之中。

男方做了对不起女友的事情:"他如果爱你,就不会对不起你。"男方与女友闹矛盾了:"他如果爱你,就不会让你这样生气。"男方让女友拖地:"他如果爱你,就不舍得让你做家务。"那么按照这种理论,你爱他的话,是不是也该这么做,也不该伤害他。

这是一种典型的非黑即白谬误,它忽视了现实,纯粹地以理论概括实际,完全没有考虑到生活中存在的"意外性"。比如"你不是我们的朋友,就是我们的敌人""你不支持女权,就是直男癌""你不同情他,就是个坏人",简单地将事物分对错,忽视黑白之外更广阔的空间,还没有给自己留下余地,这对于解决问题没有任何帮助。

二战期间,疯狂的纳粹党认为,德国贫穷的根本原因是犹太人太富裕,只要将犹太人全部杀光,德国的所有麻烦都可以得到解决。事实是富裕的犹太人非但不是掠夺德国财富的罪魁祸首,反而在某种程度上促进了德国经济发展。

这么多人欢迎非黑即白谬误是因为其本身具有一定的诱惑性,以及一定程度上的真理性。查询事情的真相需要考虑实际证据、问题构成,会花费大量时间精力,最后可能得不到想要的答案,这个时候只要将所有的过错都推到"他不再爱你"之上,就可以顺理成章地指责对方的一切。

非黑即白符合人类的思维惰性,能够为我们节省思考、判断时间,在危机情况下非常有用。比如,网上很火的一个视频,飞机迫降后,乘客慢吞吞地拿行李,空姐则大声喊叫:"快跑啊,还拿什么行李啊!"不用过多地思考,面对危险直接做出决定。

第六章 / 常见逻辑谬误

《奇葩说》里，也有类似的表现："你既然不支持强制父亲每周陪伴孩子12小时，那你就是反对父亲陪伴孩子喽？"面对强敌傅首尔戴给他们的帽子，庞颖一针见血地指出了问题所在："你们支持父亲陪伴孩子12小时，我们也支持父亲陪伴孩子，但我们觉得12小时远远不够。"

在一场讲话中，当时的美国总统小布什说的话也如出一辙："你如果不支持我们，就是在支持恐怖分子。"事实上，我们还存在第三种选择：中立。第四种选择：两者都反对。甚至还有第五种选择：对两者都同情。

非黑即白会影响我们独立思考能力，甚至能够左右我们的思想和情绪，进一步它会成为别人压迫剥削我们的工具。最简单的例子，明星通过背后机构运作，能够收获无数脑残粉。这是因为对一件事物进行非黑即白定型之后，该事物在众人的支持下简单化、商品化、标准化。此处的"事物"不一定指人，可以是一件事，一个大众看来似乎正确的观念。

其实脱离非黑即白谬误并不困难，要客观认识坏处，深入看待问题。与人交往时，多站在他人立场考虑问题，每个人都有发表自己观点想法的权利，不同的观点可以讨论，但不用争论，讨论是各取所长，争论是同化对方。

遇到非黑即白谬误，要及时"终结止损"。比如："不用争了，站在你说的角度确实有道理，但我是站在另一个角度来看待问题的，我们各有道理。"运用这种句式，及时脱离争论。

非黑即白谬误很可能是无奈之举，无论我们嘴里怎么说，内心明白就可以。网络时代，利益者打造"非黑即白"的人来引流，从而将存在感转化成利益输出，但要始终记住：表面极端，内心不愚蠢，才是摆脱非黑即白谬误的制胜之法。

如果有人告诉你只有两种解决问题方式，不要相信他，非黑即白思考通常是错的，它忽略处境的复杂，并打消我们寻找其他解决方式的想法。除了简单的非黑即白，黑白之间还存在更广泛的灰色地带，在内心保留一点非黑即白的单纯，也要接受灰色地带的绚烂色彩。

7 诉诸情感谬误

"六·一八"年中购物狂欢节、双十一全球购物狂欢节来临之前,面对铺天盖地的商业宣传,你能做到不为所动吗?还是跟着网购大军细细规划着节日买买买?如果你是随大流的后者,那么恭喜你,你已经身处"诉诸情感谬误"之中。试想,朋友们都在买,买完之后都在晒,我要是不买点什么,那多不好意思。

诉诸情感谬误是借由操纵人们的情感进行的,看似有逻辑而非有效逻辑,以求赢得争论和关注的论证方式,它是一种非形式谬误。举几个简单具体的定义来理解一下:

诉诸恐惧:由于这件事会产生可怕后果,因此应该反对。

诉诸仇恨:由于这件事令人不愉快,因此不该支持某事。

诉诸新潮:由于这件事物符合最新潮流,可以吸引他人赞许。

还有诉诸谄媚、诉诸怜悯、诉诸荒谬、是我所创、非我所创等诉诸情感谬误,大概是这种模式。

乞求爱情

网上一个视频中,在公交车站牌后的草坪上,男孩跪着抓住女孩的衣襟苦苦哀求:"我那么爱你,你为什么不爱我?"男孩一直追问,女孩却一直不说话,周围有些看不下去的人纷纷指责女孩:"肯定喜欢上了一个大款。"更加难听的话语一字一句都传到女孩的耳朵里。

男孩还在女孩面前跪着，周围的声音变得更加激烈，女孩依然不说话。下一刻，女孩突然甩开男孩的手："你听到别人都这样骂你女朋友了吗？你竟然可以无动于衷？你还算是个男人吗？我拿什么爱你？"

"我那么爱你，你为什么不能爱我一下""我对你那么好，你为什么要这样对我"，类似的语言"屡听不鲜"，仔细想想真的合情合理吗？是否有什么必要联系？

你爱我，我就必须爱你？就可以剥夺我爱其他人的权利？这种逻辑显然是陷入了诉诸情感谬误中，本来将两情相悦的爱情，变成了通过付出情感便可以收获情感的"成果"。爱情不是买卖，没有等价交换，一方付出的多与少是必然的。

所以在爱情观中提倡不要太过于计较得失，计较越多，反而失去越多。"我那么爱你，你为什么不能爱我一下"的逻辑说法本身就有种"挟恩图报"的感觉，让人更加不舒服。

狗狗那么可爱，不要吃狗肉

广西玉林在6月21日会举行一年一度的"玉林荔枝狗肉节"，举办多年后，狗肉节越来越低调，并且逐渐趋于正规化，有关部门要对所屠宰的狗肉开出证件。可狗肉节还是遭到爱狗人士抗议，甚至出现游行示威活动。

很多人也无法说出"为什么阻止吃狗肉"的原因，或许他们会着急地大喊，"小狗那么可爱""狗是我们人类的朋友"。

"小狗那么可爱，你怎么可以吃狗肉"的说法是一种典型的诉诸情感谬误，试图通过影响他人的情感，进行有利于自己的论述。诉诸情感可以包括恐惧、嫉妒、怜悯、骄傲等，作为有情感依托的人类，诉诸情感的论述可能激起情感波动，内心会受到情感影响，因为人性的这一特点，这种谬误往往很有效。

我们没法反驳"小狗那么可爱，你怎么可以吃狗肉"这种观点，吃狗肉的人潜意识中也认为小狗很可爱，甚至会想起家中饲养的宠物狗，但是"吃狗

肉"和"狗可爱不可爱"在逻辑上有关系吗？如果这种说法成立，那么会有以下说法：

"家禽都有生命，它们的肉怎么吃得下去。"

"快递员这么辛苦，怎么忍心买东西收快递。"

"他那么好的人，怎么可能会吸毒。"

观点看上去没有任何问题，只是没有什么必要关联。人们吃狗肉是因为狗肉有营养，反对人士找不出有效医学观点来反驳；人们吃狗肉是因为狗肉好吃，这是自己的权利，反对人士在法律上无法禁止；人们吃狗肉是当地习俗，反对人士无法从习俗文化的角度抗议。虽然无法从某些角度反驳，但我就是看不惯这种行为，我就要抗议，于是调动他人情绪的方式成了能够为自己增加有利论据的方法。

希特勒曾经在一次演讲中高呼"我们拥有生活在同一片天空下的权利"，他就是用这种诉诸情感谬误来增强演讲说服力，成功调动起德国民众情绪，发动法西斯战争，引发第二次世界大战。有些事情在情感表达方面并没有什么过错，但情感不能作为逻辑的有效论据。

陷入诉诸情感谬误的怪圈时，尽量不要对事件做判断。比如愤怒论证时，容易变得不合逻辑，因为愤怒就会认为事件不正确，影响我们对另一无关事件的评价；诉诸同情时，会扰乱我们的思维，过于强化优点，失去对悲惨者的客观判断。

各种诉诸情感谬误存在共同特征：它们的"前提"并没有真正支持"结论"，只是唤起一种情感，情感谬误穿着"论证"外衣，其实是"说服"。清晰区分情感谬误能防止因别人的语言而产生盲目情感，这是正确地思考与决策的重要环节。

8 含混谬误

含混谬误是指包括前提、论证过程、结论在内，存在一些意思、意义不合理的词汇，而使论证发生错误。主要的错误形式有以下四种：

歧义：有意无意地在论证过程中频繁使用一个多义词。

双关：论证过程中，由于双关语的存在，导致论证中有两个合理意义。

重读：语气的重音落下点会给予一个同意思词语在情感上的不同解读。（说话的语气重，像是强调了某一点）

合成与分解：两者的定义相反，合成是从部分到整体的错误推理，分解是整体到部分的错误推理。

下面我们通过案例来具体了解这四个分类，进而了解含混谬误。

先来看一个笑话：托尼是一个正在参加汉语十级考试的老外，考试前他已经苦学汉语五年，现在一道试题摆在他的面前：

小明给领导送红包。

领导说："这是什么意思？"小明说："没什么意思，就是想意思意思。"

领导说："这可不够意思了。"小明说："小意思，小意思。"

领导说："你可真有意思。"小明说："没别的意思。"

领导说："那我就不好意思了。"小明说："是我不好意思。"

领导说："你肯定有什么意思。"小明说："真没什么意思。"

领导说："既然没什么意思，那你是什么意思？"

小明越解释，领导越觉得他有什么意思。

问：小明到底什么意思？

托尼泪流满面,交白卷了。

"意思"这个词语在这里的运用就是一种含混谬误,小明可能是为了拉关系,也可能真的什么请求都没有,加上领导的理解、小明的真正意思、"意思"的字面和隐藏含义,这几种因素交织含混在一起,让托尼真假难辨。

敬酒不吃

影片《教父》中有一个片段:老教父有个朋友想出演一个电影的男主角,可是导演并不用他,无奈之下,此人求助于老教父。老教父答应他一定会把导演摆平,当朋友问教父如果导演执意不肯怎么办时,老教父面庞冷峻地笑道:"我的朋友,你放心吧,我会给那个导演开出一个他难以拒绝的筹码。"

当老教父的差使会见了这位高傲的导演后,导演还是一点面子都不给。第二天早上,当导演睡醒的时候,他发现自己手上都是血,于是急忙把被子撩起来,发现自己最喜爱的宠物马的马头被人割下放在了自己的被窝里,而自己竟对此一无所知,这次是马头,下次会是什么,导演不敢想象。于是老教父的那位朋友顺利地成为电影男主角。

从单纯的逻辑来看,老教父的话"我会给那个导演开出一个他难以拒绝的筹码"与后来的剧情发展是不符合的,明明说好的是筹码,没给一分钱,反而改用威胁手段,从逻辑的角度看,他的确犯了含混谬误中的双关语错误。那么问题来了,是逻辑错了,还是影视艺术错了,其实都没错,在不同的情境之下,含混谬误的理解不同。

再如,某新闻媒体报道一起交通事故时,根据交通事故画面,随意判断,擅自将责任推到小轿车的女司机身上,在文中加入"女司机逆行"等字眼。后来经过警方调查,结果显示"公交车在行驶过程中突然越过中心线,撞击对向正常行驶的小轿车后冲上路沿,才导致了这场事故的发生"。尽管事实已经明了,可是关于"女司机"的质疑话题却从未断绝。

其实对于女司机的偏见一直就存在,女司机一度成为"马路杀手"的代名词,甚至很多网友调侃道:"世界上一共有三种司机,分别是:新手司机、老

第六章 / 常见逻辑谬误

司机和女司机。"

女司机真的就开车技术差吗?交管部门做过一个统计,目前中国女性驾驶员人数达到0.97亿人,占所有司机的27.23%,但是女司机肇事事故导致死亡人数,仅约为男司机的1/50。而发达国家也有研究表明,同样里程的驾驶,男司机发生致死事故的可能性,要比女性多46%。大家对于女司机的印象差,很大程度上都源于媒体的过度报道,铺天盖地的新闻假象被有心人刻意解读,从而造成了"女司机是马路杀手""把油门当刹车"的刻板印象。

"女司机"本来就是女性司机而已,但是现在的说法完全是讽刺性的双关语。这就是为什么我们经常强调,不能太死板地完全按照逻辑格式来衡量生活中的问题。

最近有一个比较奇葩的新闻报道,某员工用社交软件回复老板消息的时候,因为用了一个"嗯"字,被老板一顿批评。老板的理由是:单纯地回复一个"嗯"字是对对方的不尊重,尤其是在跟客户聊天的过程中,这样不礼貌的表现很可能让客户流失。

文字聊天时,对方所说内容的具体情境完全是根据接受者自己脑补得到的,有时候你不经意的一串字发过去,在别人看来就已经带有情绪的味道在里面,实际上你是真的不经意。这种网络聊天的"无声语气"如此重要,面对面交流就更不用说了。

在很多影视剧中,我们都看到过一个惧内的丈夫跟伙计们吹牛,说自己在家中地位多么高,贱内不敢说自己,这时候妻子悄无声息中早已站在他背后,他全然不知,继续吹。伙计们会加重语气地提醒他:"王哥,快别说了!"求生欲很强的老王立马心领神会,话锋一转,拯救了自己。

"男人没有一个好东西"似乎已经成为感情不顺、遇过渣男的女人们的共识,而理智一点,这句话的打击面过于大了,不能因为一个苍蝇而坏了一锅汤。

这种含混不清的谬误,是说话者通过她所接触到的几个例子,就把整体特点给概括出来,这是当事人一种自欺欺人、自我安慰的方式。

美国很富有,于是有人就说:"美国很有钱,在美国的人一定都很有钱。"这是与合成相反的分解谬误。

罗素说过："一切哲学问题经过分析都是语言问题，而语言问题归根结底就是逻辑问题。"面对不同形式的含混谬误，要从自身做起，锻炼自己的语言组织与表达能力，避免"说不清，道不明"。

9 功利谬误

概念

避免功利误导：效果不能单独确定一个行为的价值，关注目标，同时更要关注如何达到目标。如果只注重于得到结果而不考虑如何达到目标时，整个人就会变得利欲熏心，为达目的不择手段，唯一的诉求就是：只要能成功就行，如何取得不重要。这个时候我们就犯了功利误导谬误。

如今的财富比之前任何一个时期都要丰富，人们趋之若鹜地追求，考试抄答案变成一种本事，没有工作资质也不打紧，假证来凑。

"钱不是万能的，但没钱是万万不能的。"这句充满"哲理"的经典话语逐渐演变为："只要能赚钱，你管他呢？"还有人常说"笑贫不笑娼"，只要能赚钱，付出什么东西都无所谓。后来出现了一大波让人害怕的事件如"地沟油、毒奶粉、假疫苗"等，为了赚取丰厚利润，这些无良商家也是"拼了"。

功利谬误开始在普通人群，尤其是90后、00后中流行开来。"如果30岁还没成为管理层，或者在某领域取得一定的成就，这一辈子基本也就这样了。"这话瞬间戳中了许多人的软肋，但仔细想想，这个论断虽然在一定程度上说得有道理，但也并不是全部正确。

Facebook的创始人马克·扎克伯格30岁的时候，他的净资产已经高达340亿美元。他在这一年还收购了即时通信服务Whats App，并表示Facebook已经准备好再花几十亿美元来实现"地球上人人都上网"的目标。根据当时国际电信联盟（ITU）的数据，截至2014年年底，全球将有30亿人连接互联网，其中

有13亿人在使用Facebook。这种财富的积累建立在他大学时运营社交论坛的经验,以及毕业之后长时间的摸爬滚打基础之上。

而"30岁就应该成功"的说法显然是靠不住的,这只是一个模糊的概念,并不是一个铁定的标准,因为这一标准并没有规定开始工作的时间。把一个人从有工作能力的正常时间开始算起,和一个人研究生、博士生等高学历毕业后开始工作相比较,30岁这个门槛就是两个概念。

"30岁没有成功,这辈子就完了",这样的想法过于简单与片面,要是让你一路顺风顺水,两年之内你就能起飞,但谁的成长过程不是历经失败与弯路。

努力不放弃

出生于密西西比州科修斯科郊区一间农村平房内的奥普拉·温弗瑞是美国著名主持人,她从小过着贫穷、缺乏父母关爱的生活,性侵犯、种族歧视是她童年记忆中出现最多的词汇。大学毕业之后,她到一家电视台做新闻主持,因为自己是黑人,所以始终没有获得更多晋升机会。

工作了几年之后,奥普拉决定放弃新闻主持,转向访谈节目。这一转型获得意外成功,因为在节目里大胆表现真我,她以"诚恳、告解"式的率真风格俘获了大批观众。

像奥普拉这种经受挫折的成长道路才更加符合我们大多数人的人生经历,按照现在的教育年限来看,30岁之前的奋斗时间确实没有多少,再把中间犯错误的时间抽出来,怎么可能在短短几年内取得辉煌的成就呢?所以"30岁就应该成功"的结论并不成立,现在笑傲商界的马云差点当一辈子老师,何况大多数还没有确立目标的人。

再如,航天器发射回收技术,当今世界完整掌握这一技术的也只有四个:美国、俄罗斯、中国,还有埃隆·马斯克。埃隆·马斯克从2002年10月收购Paypal,成立Space X,研究如何降低火箭发射成本开始,在大量投资的基础上,还是花费了整整10年时间,直到2012年,马斯克旗下公司Space X的

"龙"太空舱成功与国际空间站对接后返回地球，开启了太空运载的私人运营时代。

在30岁就想着大获成功，可见现在的年轻人内心之浮躁。造成这种局面的原因是人们习惯于将全部的关注聚焦到结果上，"成者王侯败者寇"这是自古以来很多人的价值观。人人都想立刻看到状况改善、问题解决，但偏偏宇宙定律并非如此。

只在意结果的"唯成功论"已经盛行了很多年。个人的成长历程中，老师及家长常犯的错误是"结果"取向，成功的轨道无非就是："穷人出身，海外留学，学成归来，出任CEO，迎娶白富美，走上人生巅峰。"只问成败、不问过程，只看表象、不看内里，只讲求目的，然后不择手段地达成目标。

克服这种功利谬误其实很简单，不要求你做一个无欲无求的圣人君子，只要在奋斗的历程中把握好当下，过于关注结果会给心理带来压力，不如踏踏实实地把过程走好，注重每一步的提升，最后的结果一定不会差到哪里去。

10 模糊谬误

我们在前面介绍了多种类别的谬误,它们基本上都有各自的定义,或者表现形式。而模糊谬误就显得比较抽象,是含混谬误中的歧义和双关语?还是预设谬误中的以偏概全?抑或是因果关系谬误等。谬误本身就是不合理、不清晰的推理,只要没有根据逻辑形式推理,凭空臆想、感情带动等都是模糊谬误,可以说模糊谬误是几乎所有谬误的概括性称呼。

随大流,不挨揍

"这东西买的人这么多,一定很好用。""这家小吃店排这么长的队,一定很好吃。"因为大家都在做某件事情,于是自己也会跟着一起做,有时候明明知道这是违背自己意愿的事情,但是"大家都在做",于是心安理得去做。

"大家都买这款产品,一定很好用"的逻辑错误被称为"乐队花车(bandwagon)",是一种从众心理,指个体在受到外界太多的影响之后,从而跟随大多数的行为做出相同选择的一种现象,也就是我们常说的"随大流",对于外界的影响给不出自己的看法。

当你买了这件商品,却为它不怎么样而扪心自问的时候,模糊谬误出现了。大多数人选择的产品难道不是好用的产品吗?这一谬误体现出人的逻辑思维没有自主性,最直接的体现就是从众行为。

有学者做过这样一个实验,在一群羊前面放一块竖起来的木板,领头羊带头越过木板,紧接着他身后的羊一只接着一只也跟着越过木板。此时研究者将横在羊群前面的木板撤走，可是后面的羊群，还是依旧会保持跳跃的方式越过这片区域。从众的人就像这群羊，对于一件物品，因为买它的人很多，于是不管质量或者价格，也跟着去买下来。

有两种典型的情境：一种是紧急事件来临，内心准备不足，所以跟随大多数人的选择图方便；另一种是个体不愿意就会显得与众不同，被孤立，在群体集体"压力"下，以"大多数人都喜欢"为前提，推理出"好东西"。

模糊谬误其实就是一种没有主见的自我怀疑，这在爱情关系里经常出现，因为某个不经意的细节前提，推论出一系列情感想象。

解释就是掩饰

女孩怀疑男朋友出轨了，因为她有次发现男友身上沾着长头发。于是男友的一举一动进入了女孩的视线，女孩几次询问男友，男友都对此否决，并没有这样的事情。

一天，女孩在男友车子后备厢发现了一双未开封的高跟鞋，她问男友："车里怎么会有双高跟鞋？"男友顺口就说："这是买给你的呀。"

女孩竟然不信，不待男友解释，女孩一句"不要解释，解释就是掩饰"，堵住了男友的嘴。男友生气地摔门而出，女孩则觉得这是心虚的表现。

女孩想要证据，又说"不要解释，解释就是掩饰"，其实在女孩主观印象中已经认为男友必出轨。再好的口才在不听解释的人面前也无法自证清白。

剩女与房价

据韩国《中央日报》报道，原国金证券首席经济学家、被誉为"索罗斯的中国门徒"的中国经济学家金岩石2016年12月7日，在上海举行的"2016外滩金融·房地产投资论坛"上表示，中国的高房价是中国"剩女多、离婚率高"造成的。

金岩石认为高学历女性很难找到另一半，而年薪越来越高的剩女对房屋买

卖比对结婚更感兴趣。"她们通过选择具有资产价值的房子,来消除因为结婚较晚造成的心理上的不安。"早在2012年的一个研讨会上,金岩石就曾提出:"剩女的数量和房价有关","高学历女性越多的地区,其地区经济越活跃"。在2016年的论坛上,他又指出除了剩女,离婚率的上升也是导致房价上涨的因素。

根据中国婚介公司"世纪佳缘"的数据:以2016年为基准,中国27岁以上的未婚女性人数达到3800万人左右。地区分布为:厦门的27岁以上未婚女性人数最多,深圳、杭州、北京、广州、上海、青岛紧随其后。中国国家统计局公布的住宅销售统计数据显示,2015—2016年10月中国房价大幅上涨的地区有深圳、北京、厦门、上海等地。这在某种程度上与剩女居多的地区分布相一致。

但是剩女就真的是高房价的幕后推手吗?仔细观察会发现,剩女集中的地方基本都是经济发达的一线城市,这种大都市会吸引大量外来人口,人口流入会推动房价上涨。由此可以看出,"房价涨得这么快,都是剩女惹的祸",这种说法其实就是模糊谬误下的推理,将存在巧合事情当作必然联系。

模糊谬误最大的特点就是它的包容性,即由不同的前提能够随意推理到任何一个结论。比如由"剩女"也可能推理到"全球变暖",剩女越来越多,随着其经济实力的增长,汽车的购买量上升,二氧化碳排放量增加,加速全球变暖。再比如,房地产大佬不是都很有钱吗?他们完全可以做一个局,他们策划拍摄了第一部内容带有"有房有车有存款"的相亲剧,然后大肆宣传这种婚嫁理论,于是房价上去了。

在模糊谬论中,想怎么推理就怎么推理,反正不用想清楚逻辑,只要符合常理性认知就行,这其中又穿插包含了其他性质的谬误,比如以偏概全、偷换概念、诉诸情感等。

在这个信息爆炸的时代,一定要学会判断信息真伪性,如果安于娱乐,请大开脑洞推理,不用想那么多。

如果想锻炼逻辑思维能力,那么就要按照逻辑推理的严格框架,一步一步来,永远不要用逻辑框架去娱乐生活,也不要用生活常识去逻辑推理,否则只能得出一些错误结论哄骗自己罢了。

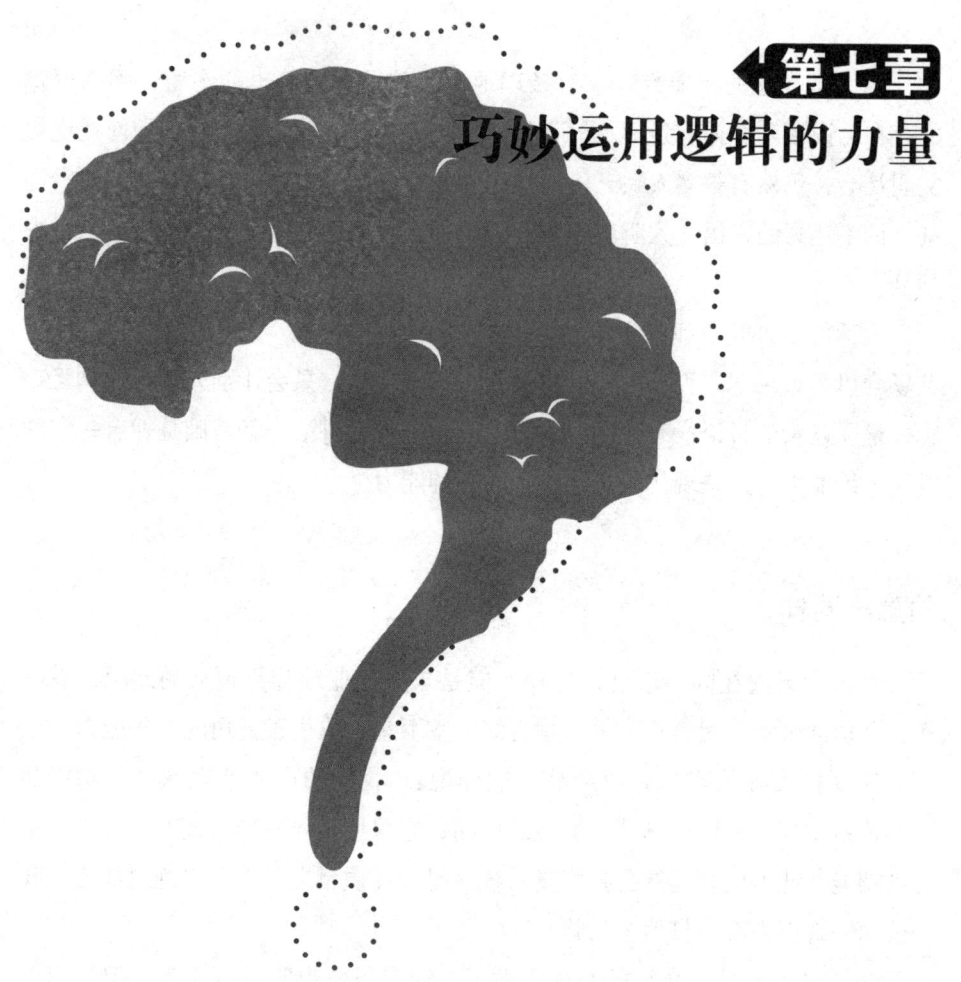

第七章
巧妙运用逻辑的力量

1 逻辑让你说话更有条理

说话是沟通的重要方式，有条理地说话就是充满逻辑的沟通，因为逻辑的存在，说话才变得有条理。语言是人际交往中重要的交际工具，即使在现代文明社会，仍然有很多人缺乏语法知识和逻辑思维，说话时条理不清、逻辑混乱，词不达意的言语让人听着吃力，阻碍了人际关系的建立，甚至给自己带来烦恼。

说话需要讲究条理，这样才能让别人明白你的表达。尤其在许多重要的公共场合里，如果"二百五"似的想说什么就说什么，只会让别人觉得你胸无一物，毫无逻辑的言语没有什么说服力。而有条理地讲话，其基础是拥有一定的逻辑思维能力，这是现代人必须具备的一种能力。

同意不同样

颜磊和天逸在同一家公司工作，但是二人的业绩却有很大的差距。有一次，公司迎来一个大客户，单子是否能够签下来，取决于公司的业务能力。

颜磊打头阵给客户介绍产品，这样说："我们的产品外观漂亮，功能强大，价格优惠。相比市场其他类似的产品，它采用金属制作，拥有很强大的抗打击功能，此外内部还有自我修复系统。另外在质量上，您可以绝对放心，我们公司一直以来都主打信誉品牌。"

颜磊对于产品的介绍已经很全面了，客户虽然也听得直点头，但是迟迟不做决定，并表示需要再好好考察一下。迫于无奈，老板将颜磊换下，让天逸登场。

"我们的产品具体有以下特征:第一点,外观精美。这种金属制作工艺可以在外壁上雕刻一些花纹装饰,而且是轻金属,不会影响携带性能。第二点,价格优惠。比起市场上的其他同类产品,价格低20%多。第三点,功能强大新颖。我们的产品内部带有自我诊查修复功能,这是其他产品所不具备的。第四点,信誉绝对有保证。我们公司长期以来一直坚持'信誉办证,品质为先',而且售后服务齐全。"

天逸一番介绍下来,毫无疑问地拿下了这一单。

听了两个人的表达,作为旁观者,我们可以明显感觉到天逸的介绍过程更有逻辑性和层次感,让人听了能够理清思路。而两个人所表达的重点内容其实是一样的,但是为什么说出来后的效果竟有如此差距呢?

区别在于颜磊是以一种隐形的逻辑在叙述讲解,而天逸能够化无形为有形,简单地一二三四进行分点,一步一步呈现,让客户认准了心中的需求点。这就是逻辑在人与人说话交流中的作用,同一件事,不同的人去说,有逻辑的人更大概率会取得成功。

工作了很久,能力却提升得很慢,重要的原因之一就是缺乏逻辑表达能力。没有逻辑的交流等于表达混乱,没有人喜欢跟表达混乱的人打交道,每个人都希望自己的表达清晰有逻辑。很多销售人员在陈述与沟通中缺乏逻辑性与条理性,如果要抓住客户的心,必须通过训练来提升说话逻辑性。

是与不是

有一次马克·吐温在记者面前大骂美国国会议员,"美国国会有些议员是狗娘子养的",第二天,他的话就出现在了报纸的头版头条上。

一时间,他的言论引来了美国国会议员大人们的口诛笔伐,他们纷纷要求马克·吐温收回这句话并道歉,否则就要对他进行起诉,用司法手段来解决这一问题。

迫于各方面压力,马克·吐温不得不请来记者,进行一次公开道歉,并且

把道歉内容登在了《纽约时报》上。他是这么说的:"我之前所说的话是错误的,我不该说'美国国会有些议员是狗娘子养的',这种说法太荒谬了。我在这里道歉,并且将之前的话收回。我要说的是'美国国会有些议员不是狗娘子养的'。"

乍听上去,议员们也觉得这一番新话语的确别扭,但是细想一下似乎也合情合理,挑不出什么毛病来,于是只有不了了之。

仔细分析之下,马克·吐温道歉的话与之前骂人的话在本质上的意思是一样的。"美国国会中的有些议员是狗娘子养的"是一个"有些A是B"的特称肯定判断,道歉中的"美国国会中的有些议员不是狗娘子养的"是一个"有些A不是B"的特称否定判断。

而在逻辑家庭中,"有些A是B"和"有些A不是B",这两个判断可以同真。也就是说,"美国国会中的有些议员不是狗娘子养的"这个判断为真的时候,"美国国会中的有些议员是狗娘子养的"这个判断不一定为假。

马克·吐温不愿屈服于强权而说违心话,于是机灵地在说话中运用了逻辑学的表达方式,既保存了颜面,又讽刺了议员。

同样不同意

赵颖在服装店柜台结完账后离去,走到半路上突然发现柜台给自己多找了50元钱,出于良心,她选择回去还钱。

服务员看着面前刚离开一会儿,又气喘吁吁回来的赵颖,心中疑惑这女的是不是回来退货的呢?

"小姑娘,我刚才在你们这里买过衣服记得吗?"赵颖急切地问。

"记得,当然记得,您不是刚走吗?怎么又回来了呢?是有什么事情吗?"服务员反问。

"哦,是这样的,刚才我走到半路上,发现结账的时候,你算错了50元钱,所以就回来问问你。"赵颖回答。

一听到"算错50元钱",服务员立马就变了脸。"已经过去了这么长时间,这事说不清吧，咱们之前可是当面点清的呀。"服务员赶紧解释。

"是呀，我知道，我这不是当时也没看清楚吗，这也是走到半路才发现，我就赶紧回来找你了。"

"不行，这个真的不行。就是老板娘本人在这里，这事也不好说，也说不清。"小姑娘摇摇头，态度很坚决。

"好吧，既然这样，那这算错的50元钱我就自己花了啊。"赵颖丈二和尚摸不着头脑，天底下还有这么好的事，说完转身就要离开。

"等一下，您的意思是，我给您多找了50元，您怎么不早说呢？"服务员小姑娘赶紧笑着迎上去，生怕赵颖跑了。

"我一直在说，'你算错了50元钱'呀，你就是不相信。"赵颖无辜地回答，而服务员也赶紧为自己刚才的态度不好而道歉。

案例中提到了"算错50元钱"，这一说法有两种逻辑理解方式，区别在于"多找"还是"少找"。"多找"是赵颖的实际遭遇，"少找"是服务员所不愿接受的事实，这一笑话的本质在于赵颖的说话出现了逻辑问题，即使她想表达的是"多找"，但是模糊的语义误导了服务员。

这个事件的解决不过是一句话的事，赵颖说，"刚才你多找给我50元钱，现在还给你"，就这么简单。在说话过程中，同一句话在不同的情景、人物站位、理解能力作用下，会产生不同的意思。比如，小明吃饭了吗？吃了。吃的什么饭？午饭。这必须还得追问一句："午饭吃的啥？"

急死人不偿命

老师打来了电话，语气有点急躁地说："喂，您好，是陈默家长吗？我是陈默的班主任。"作为淘孩子陈默的爸爸，陈天雷最忌讳老师突然打电话，肯定是儿子又在学校闹事了。

稳了一下情绪，陈天雷缓缓地回答："对，我是陈默的爸爸，老师有什么事情吗？是不是我家孩子又在学校闹事了？"

"不是，你家孩子上学时不是要经过一条河吗？"

"对呀,怎么了?"陈天雷的心一下就提到嗓子眼儿了。

"那条河的水流非常湍急。"

"我知道,我儿子怎么了?"陈天雷急切地问。

"有一个学生不小心掉进河里了,然后……"

"然后怎么了?"

"然后你儿子把那个学生救了回来,你儿子被评为市见义勇为小英雄,这个电话是特意恭喜您的。"

"哦,好,我儿子没事就行。"说完挂了电话,陈天雷长出了一口气,翻了一下白眼,一颗心总算是落下了。而电话那一头,老师听着电话挂断的"嘟嘟"声,感到莫名其妙:"这个家长怎么一点都不为儿子开心骄傲呢?怪不得孩子平时这么淘气,家长还真有问题。"

如果换作另一个有逻辑的老师,电话里应该这么说:"喂,您好,我是陈默班主任,打电话是告诉您,陈默同学被评为市见义勇为小英雄,恭喜。"这样简单直接的说法,从问好、目的,再到最后的恭喜,一气呵成,陈天雷肯定高兴得一塌糊涂。

条理讲话要点及方法

运用逻辑进行说话交流,需要注重五个方面的内容,目的、理由、阐述过程中逻辑性的语言、自己的言行举止、对方的言行举止。

目的与理由比较好掌握,因为一段对话总是带有一定的目的性和理由的合理性,目的一般都很简短,几个字到几十个字不等。理由必须搭配逻辑性语言来阐述,一方面使理由与理由衔接,另一方面使理由与目的衔接,且在表达上更具逻辑关系和说服力。

逻辑性的语言简单来说就是在目的和理由之间的连接词,比如:虽然但是、因为所以、第一第二第三等。在某些特殊的情景中,逻辑性语言也可适当地"业余化",避免过于刻板而有失情调,人毕竟是人而不是执行逻辑的机器。

第七章 / 巧妙运用逻辑的力量

谈及自己的行为举止，其实就是为了在说话的过程中，给对方一种亲切的感觉，有时候，即使你说话的逻辑驴唇不对马嘴，但是真诚的态度却会加分不少，从而弥补逻辑上的失误。逻辑在说话中运用的关键是对方的言谈举止，为什么总有人可以根据不同的人采用不同的逻辑方式去讲话，就是因为拿捏准了人的心理，通过观察和浅谈，了解对方性格、认知方式。

做到讲话有条理其实并不难，只要针对性地进行训练，并且在实践中多运用即可。下面介绍一些具体的方法：

1. 逻辑套路。我们可以从某些精彩的叙事性文章中摘出叙事性的段落，并大声朗读。或许你做不到读一读就掌握其中的叙事方式，这是个重复性的工作，需要不断地去学习、练习。这与单纯地朗读和背诵课文不一样，更注重对文章中叙事逻辑的理解。

2. 学会清楚描述。当第一步做得很好了，就可以用学到的叙事逻辑来描述现实里的事物，比如，一片风景、一位美女、一辆豪车。学习逻辑时的描述顺序是从大到小，从上到下，你可以改变方式，从内到外，从小到大，活学要活用。

3. 学会讲故事。或许有一个故事、一部电影或者一个大型网游曾经让你沉迷，而这些东西之所以能够吸引你，很重要的原因是其内在逻辑的作用，比如宫斗剧中的钩心斗角，反恐剧中的敌我合作等关系。所以，同演讲、辩论一样，当以上两点没问题的时候，试着用充满逻辑的语言去讲一个故事，这种方式能够极大地提高语言组织能力，并把脑海中无形的逻辑灌注其中。

在说话中运用逻辑思维的难处在于整个过程都是在脑海中进行，眼前没有可以观察到的实物。我们可以看到很多公开场合的演讲、报告，主人公都有自己事先写好的稿子，听到演讲人说的话充满层层递进的逻辑性，其实就是因为他将逻辑思维写实在了纸上。仿照这一点，在不熟悉某些逻辑套路的时候，不如也拿笔写下来。

有条理地讲话看似简单，但却是大量思考凝结的精华，需要花费时间分析。学会运用逻辑思维讲话会为自己带来莫大帮助，在交谈中更容易获得对方的认同。

2 逻辑让你做事更有效率

同样的工作时间,同样的工作内容,为什么有人升职加薪,有人天天加班?看起来很努力,最后却没有取得好结果的人,大都缺乏逻辑思维,效率低下。说到底,这是因为没有一个好的逻辑思维习惯,分不清轻重缓急,致使工作无序、混乱,效率低下。

磨刀不误砍柴工

石磊是一家公司的销售主管,从业多年以来,他发现关于普通销售人员,存在两种截然不同的现象:一部分优秀销售人员,业绩经常大幅超出平均水平,而大多数销售人员业绩平平。

经过数据对比,他发现这两部分人员对外拨打电话的时间和数量相差无几,甚至业绩一般的员工在工作量上还稍微多一些。

石磊通过对这种现象调查后发现,普通销售人员从第一天上班开始,根据要求,使用公司提供的客户名单机械工作,不管业绩如何,日复一日机械化工作进程始终不变。而且他们非常努力,早上一进门就迫不及待地拿起电话,下班后还要加班加点,奈何业绩就是没有多大的起色。反观优秀销售人员,他们看起来就轻松很多,到点来,下班走,业绩还特别好。

石磊专门找来一名销售冠军询问得知,原来这部分人每天到公司的第一件事不是立马打电话,而是拿起公司提供的名单进行分析,针对可能性最大的客户针对性设计问答话术,并且自己想办法找合适的新名单。而对于那些可能性较小，或者分析后觉得没可能的客户，他们基本不会浪费时间去打电话，这样一来，大大提高了工作效率。

长期重复做改进少的工作，脑力的投入就会变少，潜意识会感到自我舒适度增加，逻辑思考能力在碌碌无为的舒适中退化。但凡能够在工作前，花一点时间进行思考，确定工作各个方面的事项，那么在做的时候就可以事半功倍了。

轻重缓急四象限

有一个实验：一个瓶子，教授先往瓶中塞满石块，问学生："瓶子满了吗？"所有人都回答："满了。"

接着教授又将一些更小的碎石块倒进了瓶子里，碎石块填充到大石块的缝隙中，这时有几个受到启发的学生不等教授发问便说："还没满。"

教授将一些沙子倒进瓶子，问道："现在满了吗？"所有人都明白过来说："没满。"

教授又把水倒进了瓶子里，水面与瓶口齐平。这个时候瓶子才真正算满了。

如果先把水倒进瓶子里，那么剩下的东西很难全部放进去。大石块代表着重要和紧急的事情，碎石沙子代表不太重要的琐事。实验告诉我们的道理在于：如果做事分不清主次，重要的事情会被耽搁延后，白白浪费时间和精力。此外，不仅要分清事情的主次关系，还要分清事情的急迫程度，要优先处理那些非常紧急的事件，不着急的事件放到以后再办，要根据事情的轻重缓急来确定处理事情的先后顺序和精力分配。

当清楚什么事情重要，却又苦于琐事繁多，不知如何分配时间，这时可以用到四象限法则。切忌胡子眉毛一把抓，造成效率低下。

首先把手头的事情分成紧急、不紧急、重要、不重要四类，然后组合成重要且紧急、重要不紧急、不重要紧急、不重要不紧急四个象限。

第一象限放置重要且紧急的事情，这些事件往往具有紧迫性和重要性，如果第一象限中事件过多，那么就会面临巨大的压力，因此第一象限中的事件越少越好。比如重大项目谈判，公司负面新闻处理。

第二象限放置重要不紧急的事情,这些事件有重大影响但不具有时间上的紧迫性,需要有计划地去完成,比如制订下个月工作计划。

第三象限放置不重要紧急的事情,比如打印马上要用到的会议报告。因为这些不重要的紧急性事件会浪费很多时间。

第四象限放置不重要不紧急的事情,这些事件通常是一些没有紧迫性、重要性的琐事,可做可不做。比如上网、闲逛。

四象限建立之后,准确判断第一象限事件是否为重要紧急,确定之后优先处理。第三象限有很大的欺骗性,通常人们认为紧急的事情都很重要,这是认识上的误区,"紧急"是第三象限重要的假象,区分一三象限的关键在于衡量事件的重要性,不重要的紧急事件完全可以交给别人去做,比如复印紧急文件。

第二象限事件不像第一象限那样紧急,有充足的时间去做,这些事情虽然看起来不紧急,时间上有回旋余地,但不处理的话随时都会发展成为重要紧急事件,这是第一象限中事件越少越好的原因,因此投资第二象限的回报是最大的。第四象限通过不重要不紧急事件调整身心,一直沉迷就是在浪费生命,必须走出第四象限。

法国哲学家布莱斯·巴斯卡所说:"把什么放在第一位,是人们最难懂得的。"工作效率的高低与分清事情轻重缓急关系密切,把握好轻重缓急可以让目标更清晰,减少麻烦,节约时间,提高办事效率。

许多管理理论来自企业管理,作用是通过科学管理让企业整体能够高效率地运转。你可能会有疑问,逻辑与效率二者的关系,怎么跟企业管理搭上边了呢?其实从构造、运用形式等多方面,这类管理理论可以组成一套完整的管理体系,自然离不开逻辑,这也是逻辑理论应用在实际工作效率中的最全面体现。

想要通过逻辑思维严谨规划生活,提高工作效率,真的建议大家可以系统学习一下企业管理理论,诸如MECE分析法、金字塔图、SCQA分析法、SWOT分析法、5W2H分析法,从这些理论中感受逻辑对于工作效率的提升究竟有何作用。

3 逻辑让你处理问题更理性

毕达哥拉斯说:"别的动物也都具有智力、热情,但理性只有人类才有。"怎么样思考是理性?维基百科上对理性思考的定义是:它通常指人类在审慎思考后,以推理方式,推理出合理的结论,这种思考方式称为理性思考。

例如:一对刚结婚的夫妻,面临的第一问题就是要不要生孩子,应该如何理性决策呢?为了解决这个问题,夫妻二人进行了一番逻辑思考:

现在生孩子,教育年龄是0岁起,教育时间最起码到25岁,应该投入的资金是多少,投入的时间和各项付出又是多少。养孩子的目的是养老,更重要的是家庭完整,享受与孩子一起的快乐和幸福。目前手头的财务情况很乐观,足以支持短期内的养孩计划。结论是:要孩子。

生活中存在各种问题,处理的时候找不到好的角度,意气用事,就可能造成不可估量的后果。因此,通过逻辑思考,理性地做出判断就显得至关重要了。暂且给理性划定一个可适用的范围,这意味着它也有不适用的地方。

绝对保守秘密

布鲁尔在一家情报机构中做高级探员,掌握着许多国家级机密,碍于工作性质,他们最基本最重要的对外宗旨就是"绝对保守秘密"。

有一天,布鲁尔和好友加菲在一起喝酒聊天。闲聊之中,加菲突然话锋一转,把话题引向了所谓的"秘密"上面,并且不断地旁敲侧击。

"不知道咱们国家的陆军有没有什么秘密武器,你应该知道吧,讲一下,

让我也开开眼界。"加菲看着布鲁尔有些醉意而问。

布鲁尔看着眼前的好友,有些为难,命令规定要绝对保守秘密,可是应该怎么拒绝朋友的请求呢?布鲁尔略加思考:"不管他是不是间谍,只要说了,我就是泄密者,要上军事法庭,所以不如不说。"

"加菲,我可以告诉你,但是你能绝对保守这个秘密吗?"

"当然了,我能绝对保守这个秘密。"

"好巧,我也能。"两个人对视一笑。不久之后,情报机构查出加菲通敌,予以逮捕,而布鲁尔守口如瓶,躲开一劫。

布鲁尔从推理的角度出发,明白只要自己泄密,之后会有两种可能,同一个结果。两种可能分别是加菲是间谍,自己犯叛国罪;加菲不是间谍,自己犯泄密罪,结果都是上军事法庭。这种理性分析就是逻辑的作用。

布鲁尔为了不躲避朋友的询问,用逻辑给加菲挖了一个坑,即"你能保守这个秘密,我也能",在逻辑学中,同一个命题可以有不同的表达方式,从而以不同的程度和特点委婉地诉说直接想法,以其人之道还治其人之身。

兔子伤风

作为百兽之王,狮子有三个大臣,黑熊、猴子、兔子。有一天,狮子饿了,它打算把这三个大臣吃掉,但是又苦于没有理由。

思来想去,它找到一个好办法:"你们三个跟着我很久了,表面上对我忠心耿耿,以至于我不知道你们说的是不是谎话。现在我要测试一下你们,看你们三个是不是对我说真话。"

第一个接受测试的是黑熊。狮子张开大嘴,出了一口气,问:"我的嘴里有什么气味?"黑熊想了想,决定说真话:"大王,你的嘴实在是太臭了。"狮子大怒:"你竟然敢说我臭?"于是黑熊被吃掉了。

第二个接受测试的是猴子。同样的问题,猴子看到了黑熊的下场,不得不说:"大王你的嘴实在太香了。"狮子大怒:"你竟然骗我。"于是猴子也被吃掉。

最后只剩下兔子，还是同样的问题。兔子想："不能说香，不能说臭。还要回答嘴里到底什么味道，那我不如把它的问题堵回去就行了。"

"大王，我最近感冒了，暂时闻不到您嘴里的味道，所以不好说。您不如让我回家休息一下，我感冒一好，立马来回答您的问题。"兔子回答道。

狮子一听也没办法，一时没有其他的理由，就答应了兔子的请求。而兔子赶紧回家收拾一下跑路了。

上面案例中的兔子一定是一位逻辑高手，"香味"和"臭味"本就是一对矛盾关系，根据逻辑学的排中律，对立面必须肯定一个，不能都否定。于是兔子没有对"是或否"进行正面回答，"鼻子不透气，闻不到什么味道"，直接从根本上遏制了这个问题的选择性，将一个棘手问题轻松化解。

通过逻辑理性地解决问题很好理解，但人是感性动物，对理性的认识存在盲区，理性与感性无法界定分明。有的人可能自以为理性得不得了，实际上喜怒哀乐都写在脸上。而且有时候，试图用逻辑理性分析事件的前因后果，并加以处理，无非就是自找麻烦。

你给我滚

慧慧和老公结婚多年，两个人之间的矛盾也多了起来，常常因为一件小事而大吵。有一次，老公把香蕉皮放在了桌子上，慧慧瞥了他一眼，本是示意他把香蕉皮扔进垃圾桶。谁知他不耐烦地反驳道："你这人越来越没意思了。"

"对，是我没意思。"

"你确实没意思。"

"现在觉得我没意思了是吧？"

"那你瞥我一眼到底几个意思，你又不说。"

"我不说你也应该懂。"

"你不说我怎么懂？"

"真没意思。"慧慧最后补一刀。

"行了，咱别抬杠，按照逻辑分析，这次吵架的原因在于你瞥我一眼，我

没懂意思。再往前追寻，就是因为长时间以来的各种琐事吵架的积累，然后互相看不顺眼，一件事做不对，就里里外外不是人。然后……"

"打住！闭嘴！"慧慧大喊一声，打断老公的话，"我说你一个大老爷们，在家跟你老婆我进行逻辑分析，怎么？摆事实，讲道理，就等着推理到问题都在我身上对不对？你赶紧给我滚，见不了你一点儿。"两个人互相分析的同时就都乐了，一场吵架烟消云散。

有些时候，有些问题，真是不能够用逻辑理性来思考，比如婚姻、爱情里的两个人，但凡一个男的敢跟女的理性思考讲道理，那么你就可以滚蛋了。

除此之外，还有许多情况也会出现不用逻辑理性处理的时候，比如，"人不是你撞的，你为什么要扶""你买丰田车，就是不爱国"等，前面讲到的逻辑谬误都是此类不理性的思考方式。

其实所有的事件都可以通过逻辑分析进行理性处理，但实际中，出于情感、人际关系等主观因素，人会不自觉地用感性的方式去处理，这是可以理解的。无关紧要的小事感性化处理反而会让生活充满乐趣，但是在大是大非，或者正规严肃的事件中，必须按照严格的逻辑规范理性行事。

4 逻辑让你的写作更能打动人心

为什么别的作家想写点东西的时候这么容易，几乎是信手拈来，而换作自己写，提笔就忘词。作家写东西，上下接连不断，线索杂而不乱，他们可以将宽广的知识面一个一个串联在逻辑线上。

做一件事要考虑流程，是什么，从哪儿入手，方法，人力物力财力，一直到办成，都有一个完整的逻辑过程。事实上，写作的好多人并不是专职作家，他们的作品之所以能够打动人，并不是华丽的内容，更多的是依靠逻辑关系。他们在动笔之前就已经有了关于这部作品的完整构想，如何开头，如何结尾，首尾呼应，中间过渡等。

谈到逻辑对写作的作用，先来看一下与之相似的一个东西——游戏，《英雄联盟》。在一局游戏开始时，双方各五人的小组就已经有了逻辑目标，即摧毁对方的主水晶。然后游戏进程分为前中后期三部分，前期向中期过渡往往依靠着小龙争夺和小规模团战。后期更是需要逻辑能力来推理战局的发展，以便制定相应的策略。无论是小说写作还是剧本写作都遵从类似这样的逻辑，下面以一部电影剧情为例，来分析逻辑在写作中的作用。

九品芝麻官

电影《九品芝麻官》中，最初，自幼家贫的包龙星立志像祖先包公一样做个明镜高悬的清官。后来包龙星做了候补知县，在一次办案中，举人方唐镜利诱包有为，让包龙星成为人见人恨的贪官。

捕头雷豹误闯戚家婚礼，被包龙星设计捕获，并侮辱、捉弄。不久水师提督之子常威强奸戚秦氏，并杀死戚家上下13口人，常威逃跑时被仆人发现，一番打斗后被捕入狱。

水师提督让方唐镜送3万两白银给包龙星。在开庭之日，方唐镜推翻原判，反诬戚秦氏与仆人来福通奸毒杀亲夫一家；并告包龙星接受戚秦氏白银3万两，合谋陷害常威。陈县令宣布当堂释放常威。包龙星夜闯义庄查尸，反落入陷阱，以受贿和勾结江洋大盗罪被判处死刑。

如花帮助包龙星越狱，老爹包不同临死前给了包龙星半块珍藏20多年的饼作为信物，母亲用咸鱼当尚方宝剑送给他，随后包龙星进京去找刑部尚书，不料刑部尚书已和常氏父子串通。

包龙星告状失败，与包有为两人流落街头，包有为沦为乞丐，包龙星身无分文走进"凤来楼"吃霸王餐，被罚在妓院做苦工补偿酒饭钱。皇帝、豹头和协理大臣来访如烟。包龙星为皇帝解困，向皇帝禀告冤案，被封八府巡按，回广东与刑部尚书、水师提督重审案件。最终包龙星击败方唐镜和李公公，常威命丧铡刀之下。

这部电影一直以来被广大网友奉为喜剧经典，这里我们剥离出电影剧情的主线，然后用逻辑分析其中的情节设置，来体会编剧在写作时的逻辑。

包龙星在电影开始的立志和他最后的实际行动是首尾呼应的，他成了清官。而最初的清官变贪官不过是给他在戚秦氏的案子中埋下贪污的伏笔。也就是说，包龙星由清变浊再变清是剧情一开始就设置的大方向。

他被方唐镜弄进监狱后，安排了如花帮助越狱，这就是逻辑思考的力量，试想，主人公人身被限制，但是情节主线还需要继续往前推进，怎么让他出来呢？于是如花登场。

进京告状失败后，一个平民老百姓如何跟皇上接触到呢？于是就有了包龙星妓院当龟公，皇帝、豹头和协理大臣来访如烟，然后借此将包龙星与皇上搭线。

最后的审判大戏，之前提到过的尚方宝剑终于出现了，可尚方宝剑是前朝的剑，不能砍今朝的官。包龙星需要吞下宝剑，而这项技能的安排早就在前面的告状路途中学会。也就是说，前面的剧情发展过程中，不断地给后面做铺垫。剧本写作的过程中，给主人公设下了一个又一个难题陷阱，但是又通过相对的逻辑一次又一次解开。

矛盾建立和解决的过程存在必要的逻辑关系，而正是因为有这一关系，外人在看这个故事的时候才会更加投入用心。这也是好多人看小说的时候竟然能看哭的原因。

写作同读书、工作、做事一样，都是一个逻辑思考与执行的过程。要想把逻辑灌注到写作过程中，能做到以下几点就没有问题。

第一点：避免口语化文字。在逻辑推理中十分注重文字意义，有时候多一个字，整个句子的实际意义就产生了变化，但是使用口语化文字是一种习惯，我们很难自我察觉。

第二点：写作之前必须清楚地知道写作内容的内在逻辑。对于写作，首先要理清主体思路，比如"生于忧患，死于安乐"就是中心论点，也是全文逻辑论证的标杆，不管道理拐到哪里，必须用于支持此论点。再比如，主打的手机品牌有什么要突出之处，是不是根据顾客需求而制定。只有掌握了写作的内在逻辑，才能调整好内容。

第三点：建立写作结构、提纲。大脑习惯偷懒，尤其在考虑复杂问题时。所以写作的时候，可把想到的逻辑流程以标注结构图的形式记录下来。比如，习惯先列出三个点，第一、二、三分别讲什么，每个点可以用一句话概括出来，然后在写作时展开，这样才不会逻辑混乱。

有了一定量的练习之后，就可以在今后的写作中使用逻辑武器，写作能力也会提高一个层次。不仅是写作，生活做事的方方面面，都可以类比运用，这才是逻辑适用性的魅力。

5 逻辑让你看清谎言背后的真相

一对情侣相约逛街,女方的意思是想吃烤肉,而男方对新开的一家火锅店很感兴趣。女:"亲爱的,我在网上看过了,这家烤肉店真的特别好。"男:"烤肉不好,还是火锅好。"最后两人为此吵了一架。"我在网上看了很不错的。"其实女孩压根儿没有上网看过,只是听人说新开的这家烤肉店很出名,这么说是想说服男朋友。而男孩说"烤肉不好吃",其实他也没有吃过,想让女孩误以为他吃过烤肉,以此影响女孩的判断。

弗洛伊德说:"没有能保守的秘密,即使双唇紧闭,指尖也会说话,每个毛孔都泄露着秘密。"人人都想拥有语言描述中的能力,那样就能够看清谎言背后的真相。

日常生活中充斥着各种谎言,其本质大都是伤害,不管何种形式的谎言总有糊弄的意思。衡量谎言带来的伤害是没有答案的,这是一个哲学家都无法解决的问题。所以与人交流时要有双识破谎言的眼睛,这双眼睛来自逻辑思维。

专家之死

一个夏季的雷雨天,警察接到了报案,在野外发生了人命案件。死者是一名拥有野外生存经验的专家,报案的人是他的学生爱德华。案发现场在大树下的帐篷中,死者死相安详,没有任何打斗痕迹。

据爱德华讲述,老师昨晚睡觉前还好好的,那个时候还打着雷下着雨,早上自己睡醒后发现老师没有起来,呼喊之后也没人应答,当他打开帐篷时,就看到了眼前这一幕。可能是因为老师睡觉的时候，心脏病突发引起了心脏骤停。

尸检报告显示，这位专家的确患有心脏病，但是又不能完全确定是死于心脏病。不过照这种情况看来，只能说死于心脏病的可能性很大。在对现场进行了详细的调查之后，警察认定了这的确是一起心脏骤停引起的死亡事件。

正当警察准备清理现场的时候，福尔摩斯赶来了。他先观察了帐篷四周的情况，除了一棵大树，都是草地，确实没有什么疑点。但是当他听爱德华讲述时，突然有一个想法蹿出来："一个具有几十年野外生存经验的专家，会在雷雨天把自己的帐篷搭在大树下面吗？"

"警官，凶手就是这个学生爱德华，因为他在说谎。"福尔摩斯态度坚定，将自己的想法说了出来，并且断定这不是第一案发现场，而是爱德华将专家杀死之后挪尸。经过审讯，爱德华承认了自己的罪行。

谎言也是逻辑的一种，不过既然这个逻辑是人从某个切入点编造出来的，那么就必然存在推翻它的逻辑，因为刻意的谎言绝对存在漏洞。只要能够用逻辑找到这个切入点，一切谎言都会不攻自破。

吸的什么烟？红钻！

某中学宿舍，主任晚间巡查至某宿舍门前时，突然闻到一股烟味，当他开门进去时，所有的人都没有抽烟，但是宿舍的乌烟瘴气说明了一切。

一番观察后，主任把目光锁定在表情神色最不自然的张强身上。"张强，明天叫你家长过来一下。"主任说。

"主任，宿舍八个人呢，你不能就这么锁定我吧，我根本不吸烟。"张强还委屈起来了。"说得有道理，我不能冤枉好人，那我问你几个问题，你要如实回答。"主任笑着说，张强也点头表示同意。

"你吸烟了没？"主任问。"没有！"张强迅速回答。

"你吸烟了没？"主任的语速开始加快，语气也开始加重。"没有！"张强一如既往地回答。

这样快速的问答进行了得有10个回合，主任突然蹦出一句："吸的什么烟？"王强脱口而出："红钻！"

整个宿舍的气氛瞬间尴尬到极点，本想着看一出"强哥智斗主任，主任大败而归"的好戏，没想到主任一个拐弯式问法就把张强搞定了。

"现在可以让你父母明天过来一下了吧，给你安排得明明白白。"主任说完转身离去。

当面对一个非常直接的谎言，但是却无可奈何的时候，不要傻傻地试图从正面攻破，或许转换一下逻辑角度，就能轻松戳穿。

当一个人对逻辑的掌握炉火纯青时，他的撒谎技术也相对水涨船高，这部分人甚至能够精细到几乎把谎言的切入点抹去。

谎言下的谎言

在东野圭吾的小说《恶意》中，畅销书作家日高邦彦在家中被杀，加贺恭一郎经过调查马上就确定了死者的朋友野野口修就是凶手。本来一件很简单的杀人案，但是野野口修的每次口供都不相同，出于对案件的怀疑，加贺恭一郎开始深入追查。

在加贺恭一郎的追查下，证据证明，其实野野口修才是受害者。而死者日高的形象接近变态，调查显示日高强行占有野野口修的作品，从而成为畅销书作家，为了要挟野野口修做自己的影子写手，日高还拍下野野口修想要刺杀自己的录像，收藏留有野野口修指纹的凶刀，并掌握了野野口修和自己妻子初美暧昧关系的证据，而野野口修为了初美默默地接受了这一切。后来初美被车撞死，野野口修认定是日高杀害了她，为了报仇，野野口修设计杀害了日高，野野口修因此成为让人同情的杀人犯。

案件已经结束，但是加贺恭一郎却怀疑事情没这么简单：进入打字机时代后手指上出现写字磨出来的老茧，类似斯德哥尔摩综合征的"亲密无间"……案件疑点重重。

为此，加贺恭一郎对疑点展开了更深入的调查。加贺警察调查野野口修和日高邦彦上学时的经历，发现野野口修从小就是学校恶霸的跟班，日高则为人和善，野野口修对他态度不好，嫉妒他，厌恶他，经常怂恿恶霸欺负日高，而日高一直把野野口修当朋友。加贺警察想起自己以前做老师时，那些喜欢欺负别的同学的学生就告诉过他："施暴就是看别人不爽。至于不爽的原因，学生也说不出来，总之就是不爽。"

事实真相浮出水面。原来这一切都是野野口修设计的局：野野口修就是因为嫉妒日高，心理又极度不平衡，看他不爽，所以杀了他，没有与初美的婚外情，没有代笔和威胁，一切都是野野口修精心策划，他自己拍好录像带，抄写日高的每一本书，做这一切只是为了营造一个谎言让大家认同自己，将罪恶推给日高，不仅杀了他，还要玷污他的一生，用自己所剩无几的人生贬低对方的人格。最终加贺恭一郎拆穿了凶手更深层次的谎言。

谎言确实会源于内心的嫉妒愤恨，但谎言不可能天衣无缝，故意而为的谎言必定会留下撒谎时的破绽，比如野野口修抄书时，手指上磨出来的茧子，这就是揭穿谎言的切入点，而逻辑就是在事件的细节和层层折叠中寻找到这一切入点。

用逻辑看清真相，需要我们在生活中留心细节，由一个细节就能推理出其背后的现象，比如，那个老汉食指和中指发黄，明显是烟熏的迹象，这一个小现象就足以说明他是一个吸烟的人，但是他现在不吸烟了，可能的情况就是他身体有毛病了，心脏病？还是其他的什么？这就要根据其他具体的情况进行分析了。

6 逻辑让你做出明智的投资理财选择

俗话说:"钱不是万能的,但是没钱是万万不能的。"不得不承认,衡量生活质量的重要指标之一就是金钱,商业社会里如果没有钱,人就要为生存操心。那么如何让每一分钱都发挥最大功效呢?然后理财出现了。

俗话说:"你不理财,财不理你。"理财不是凭感觉随意进行投资,这种资产增值方式也有其必要的逻辑性。首先从大的结构层面来看,理财包括了保险、储蓄和投资,而在大多数的普通人眼中,理财仅仅等于投资。

理财逻辑的时代方向

赵丹阳被誉为"中国私募教父",2009年,他用211万美元拍得"与巴菲特共进午餐"。他曾经在上海交通大学做过一次著名演讲,在演讲中阐述了成功的投资需要"天时地利人和"的观点。

其中有几句话非常值得深思,因为这些话包含了成功投资的逻辑需要。

比如:"人生一世,你要知道在什么时间什么地方做什么事情。如果抛开这个东西说价值投资,那就是胡扯。"

"不管你多聪明,当这个大势往下的时候,你基本上注定了是大输家。"

"大家一定要意识到,很多时候你的成功是因为你的幸运,待在对的国家、对的时间、对的地方。"

"我相信,你今天再去买那些地产股,将来可能是个loser。大家一定要认清楚房地产的时代,大的声浪已经过去了,如果再抓住就是尾巴。"

"虽然最近地产股、万科又创了历史新高。但是whatever,它的青春期过了。"

赵丹阳的每一句话,都站在了时代浪潮的前沿,尤其那句"很多时候你的成功是因为你的幸运,待在对的国家、对的时间、对的地方"。试想如果现在是1937年日本鬼子侵华的时代,我们可以做什么,还会去思考投资理财的逻辑吗?

由此可以看出投资有时候是一种商机的推理。你刚好出生在20世纪70年代,迎来改革开放,在中国大地万物复苏的时代里,根据日益发展的经济和科技,推理出以后人们都可以身装"大哥大",再也不用守着座机了,正好国家也下发了扶持创业的政策。于是你从银行贷款,做起了最初的手机制造,赶了一波潮流,赚了第一笔大钱。

后来科技又进步了,你推理了一下,今后的手机已经不再需要固定的按键了,系统也可能更优化,只是当时还没有"智能手机"这个词语。为了引领潮流,你毅然投巨资搞研发,而那些故步自封的对手一个个被时代的进步淘汰出局。所以说,投资理财中的"天时地利人和"是一种内在隐形的逻辑推理,也就是我们常说的"站在时代发展的高度"。

巴菲特、索罗斯的成功是因为他们待在美国,过去几十年中的美国是全球最大且经济向上经济体。中国最近几十年冒出了这么多的企业家,这么多聪明的人,他们很幸运地生在中国由贫穷走向富裕的高速发展阶段。

房屋使用率和实用率

王先生手头有一大笔闲置资金,为了能够最大化地提升收益,他决定购买一套房产。在售楼部,王先生看到了房屋有"90%实用率",为了搞清楚这个"实用率"到底是什么意思,王先生挑选了一套100平方米的房子,然后请售楼人员帮着计算一下。

售楼人员告诉王先生,实用面积的计算方法是建筑面积乘以0.9,而使用

面积是以实际交房为准。王先生一下犯了难,实用率和使用率到底是一个东西吗?

王先生去网上咨询之后,终于明白了,根本就没有"房屋实用率"这一说,而且国家《商品房销售面积计算及公用建筑面积分摊暂行规定》中明确指出,房屋套内建筑面积=套内使用面积+套内墙体面积+阳台建筑面积。而使用率计算方法为:套内使用面积/商品房销售面积×100%。也就是说,开发商卖房的时候,故意引出"实用率"这个概念,是在玩障眼法,用逻辑上"偷换概念"的方法进行欺骗销售。

王先生得知真相后,果断放弃了在这里买房的打算。

理财逻辑之预测未来

在电影《夏洛特烦恼》中,夏洛从当下梦回过去,为了帮助自己的朋友大春致富,他建议大春在北京二环买房,而且尽量多买,并肯定地说未来房价一定涨。大春听从了夏洛的建议,在北京二环买了两套房,一平方米的价格是2700元,后来大春看到房价上涨到2900元,就把房子卖出去了,并声称"狠狠地赚了一笔",后来房价上涨得更厉害了,大春就鼓动亲戚朋友把房都卖出去了。

夏洛听了大春的做法拍拍大春肩膀:"那以后家里的亲戚就别联系了,能躲就躲躲吧。"

因为夏洛从未来来,所以他完全明白在北京二环的一套房在未来意味着什么天价;而对于大春来说,他完全没有预测未来房地产市场走向的能力,让亲戚把未来的天价房都卖了,以后少不了事。

这一案例的理财逻辑是基于中国经济的发展。相反,在日本,就有过房产不值钱的时代。

在1993年,如果在中国谁有2000万,基本上可以把整个县买下来;而那个时候的日本房地产价格最高下跌80%,而且是东京地区,日本的股票最多也跌70%~80%。

第七章 / 巧妙运用逻辑的力量

经济周期

"人有悲欢离合，月有阴晴圆缺"，万事万物都有运行所遵守的规律，经济运行也符合一定规律，只有掌握经济运行周期与现实发展的关系，根据其中的理财逻辑进行投资，才会获得丰厚收益。经济周期形成的根本原因是银行的信用收缩、扩张，造成了很多经济的循环和周期。

虚拟一个故事：

小明在1975年大学毕业，带着100万美元去日本发展，到1989年，15年时间赚了22倍，变成2200万美元。20世纪90年代把钱投了纳斯达克指数，到2000年的时候，10年时间赚了27倍，变成6亿美元。2000年后，从美国撤退，进入中国H股市场，在香港8年赚了12.8倍，变成78亿元。

逻辑对于理财而言，不会去计较那一两元钱的事，而是注重内在的发展大势、大方向，把握经济上涨与衰退的规律，及时从一个投资地转向另一个投资地。在不同的阶段、不同的时候，辨别不同的国家、不同的产业、不同的信用周期，用逻辑把控理财，比每天辛勤工作挣得多了去了，人生做对几件重要的大事就够了。

四个理财逻辑

理财逻辑不仅体现在大的方面，对于普通人来说，小的理财逻辑更加实用。那么先用逻辑分析一下小额理财，简单地说，你一个普通老百姓，对于钱的处置方式无非就是存钱、花钱、省钱、赚钱。这四个小方面可以说是理财的全部内容了。

存钱逻辑：在所有的理财方式中最为简单、风险最小的方式就是把钱存到银行，同时，这法子的收益也是最小的。存钱的人呢一定要明白通货膨胀比较厉害时，钱就会越存越少，原因是存钱的利息低于通货膨胀率，物价升高的额度比利息升高的额度要高。所以大多数人不愿意把钱放到银行，甚至认为存钱

这种理财方式并不重要，其实合理存钱是最基础的理财方式，是其他理财规划顺利实行的保证。

消费逻辑：有两个类似的概念："我需要"和"我想要"。"我需要"是理财过程中的合理逻辑，当财力足以支持其他消费时，"我想要"才可以实现。很多人的理财逻辑混乱，尤其是女性消费者分不清"我想要"和"我需要"，最后付出巨大的金钱和时间成本。

省钱逻辑：有个词语叫"开源节流"，"节流"就是省钱，不让财富从你手中溜走。省钱不是吝啬，不懂得"省钱"逻辑的人有沦为赚钱机器的危险，正是基于此，省下的一元钱的价值大于赚来的一元钱，省钱是普通人实用的理财逻辑。

赚钱逻辑：这就是"开源"，需要付出一定的脑力和体力劳动，还要承受风险带来的精神压力，于是很多人不投资、不敢于投资。而当今社会，从工作技能到亲人朋友，所有的一切都可能因为时代变迁而一夜失去，无非就是因为钱。单纯凭借一条道路赚钱，有时候真的维持不住，想要真正保障财务安全，投资是不可或缺的，不投资赚大钱，永远是理财上的弱者。

天时地利人和是理财最根本的前提，合理的时间点、合理的项目市场、合理的人才团队，政策、世界经济、政治、军事大环境等，都是影响理财的因素，因此必须培养自己高瞻远瞩的战略眼光，不要轻易相信眼前看到的机会，因为别人早就看到了。运用逻辑进行未来理财推理，想到别人所想不到的理财渠道，你也可以赚到"第一桶金"。

7 逻辑让说服更容易

生活中充满沟通，人人都希望一切符合期待。不同期待同时出现，就意味着分歧出现了，那么一场说服比赛就不可避免地发生了。比如谈判，就是通过说服别人来达到目的。用逻辑说服一个人是沟通中最高级的艺术，人人都羡慕那些侃侃而谈，能够轻易说服别人的人。那怎样成为这样一个人呢？

稳赚不赔

有一位算命先生，在他的卦摊前有一个招牌："仙人指路，神机妙算，算卦1000元，算不准，一定退钱。"十里八乡都知道他算卦特别准，因此，有不少商人来找他指点迷津。

第一位商人来了，算命先生对他说："如果你能碰到从东方来的人，就会赚钱。"之后，又接连来了第二个、第三个、第四个商人，而算命先生给他们的意见都是一样。

过了几天，第一个商人兴冲冲地跑来，他高兴地感谢算命先生的指点，自己果真遇到一个山东的客户，狠狠赚了一大笔。算命先生淡然一笑，恭喜商人，并希望他以后多来。

第二个商人则气冲冲地跑来，他指责算命先生就是胡说八道，算得一点都不准，因为他遇到一个从山东来的客户，可是那个单子没有做成。算命先生的表情十分惭愧，将1000元钱还给了商人。

第三个商人也来了，没有赚到钱，他遇到的客户来自广东。算命先生说：

"我算得没有错,我说的是来自东方的人,不是广东,广东在南方,所以你这一单不会成功的。"商人一听,觉得先生说得对呀,广东虽然有个"东"字,但是却在南方。于是心服口服地离开了。

第四个商人赚了一大笔钱,但是客户不是来自东方,而是来自北方,因此他认为先生算错了,应该退还他1000元钱。算命先生笑着说:"我是说如果你能碰到从东方来的人,就会赚钱,我可没说遇到北方的人不会赚钱呀。"商人被先生一句话说得不知所措,只好离去。

所有人都来过以后,算命先生高兴地数钱:"我给了四个人一样的算命答案,一个不对,退1000元,一个正确,赚1000元,两个不完全正确,我又用逻辑话语将他俩说服,又赚2000元。"

算命先生的话"如果你能碰到从东方来的人,就会赚钱",这句话可以分解为四种情况:碰到来自东方的人,赚钱;碰到来自东方的人,不赚钱;没有碰到来自东方的人,赚钱;没有碰到来自东方的人,不赚钱。根据这四种情况,他必须进行逻辑说服的情况是第三种,可能说服的情况是第二种。第二种在案例中的表现是第三个商人遇到广东客户,但是他的逻辑是广东不是东方,如果把广东改为山东,他还要赔1000元钱。第三种情况下,算命先生只说了东方,却没有否定北方,可见先生的逻辑水平、耍滑头的技术之高,只要说服了第三种情况,基本上稳赚不赔。

林肯辩护

林肯在成为美国总统前,是一个出色的律师。有一次,一名叫小阿姆斯特朗的人被指控"谋杀罪"。在前一次的审判中,由于一个名叫富尔逊的证人出现,坐实了小阿姆斯特朗的杀人罪名,并且整个法庭的观众和审判人员都已经深深地信服了证人的说辞。

"在10月18日晚上11点钟,我目睹了被告拿着枪,打死了受害人。"这是富尔逊的供词。

第二场审判,如果不能翻盘,小阿姆斯特朗就会被判处极刑。于是他请求

第七章 / 巧妙运用逻辑的力量

林肯做辩护律师。林肯仔细地阅读了上一场审判的证据和材料后，信心十足，并且铁定明白了小阿姆斯特朗是被人冤枉的。

法庭上，林肯直接对话证人富尔逊："你说10月18日晚上清楚地看到了被告杀人对吧？"

富尔逊说："是的。"

林肯说："但事实上你们相距二三十米，而且，根据你之前的描述，你在草堆后面，被告在树下。你确定你看清楚了吗？"

富尔逊说："我绝对确定，因为那天晚上的月亮特别明亮，我看得很清楚。"

整个法庭都在等着林肯怎么接招，因为富尔逊说得没有一丝破绽，大家都深信不疑。

林肯说："你确定看到了他的脸，而不是身影或者衣服之类的？"

富尔逊说："我确实看清楚了，就是他的脸，月光照在他的脸上了。"

林肯说："好的，最后一个问题，你确定是晚上11点钟看到的吗？"

富尔逊说："确定，当时我还回房间看了一下表，时间没有问题。"

一系列的问题之后，大家都期待着林肯束手无策，林肯却出乎意料地对整个法庭的人说："我知道这很难接受，但是大家都被这个说谎的骗子给骗了。"

整个法庭一片哗然，没人知道这个律师为什么这么说。

"10月18日是上弦月，晚上11点根本看不到月光。"林肯说。

富尔逊反驳道："或许那个时候时间比较早，具体是不是11点我也记不清楚了，反正有月光。"

林肯接着说："就算有月光，月光应该是从西往东照射，而草堆在东，树在西，这说明月光只会照在被告人的后脑勺上，你是如何看到月光照在他的脸上的呢？"

林肯的话说完，整个法庭瞬间爆炸，法官要求富尔逊对律师的问询做出回答，他支支吾吾，最后不得不承认自己做伪证。

林肯分析了证人的证词，月光下才能看到被告的脸，10月18日晚11点钟，没有月光，而且草堆和树的位置、月光与视角的关系都证实，证人不可能看到

173

被告的脸,只有一点解释,证人在说谎。

林肯运用了必要条件推理和两难推理,运用证人的证据,并结合自然规律,将证据成功反弹回去。林肯询问的过程其实就是一个设置逻辑陷阱的过程,当敌人完全陷入后,再出其不意,最终他说服了在场的所有人,显示了逻辑推理的魅力。

你有病,我有药

有一家减肥药公司做出一个广告。第一幕:一个胖子在情场和职场双双失意,而身材苗条的人成为人生赢家。先是对胖子一番打击。第二幕:肥胖引起一系列健康问题,世界上多少人死于肥胖问题。这是进一步深化打击层次,从生命健康层面吓唬你。第三幕:好消息,好消息,科学家最新研究的抑制肥胖特效药上市了,药效各种好,无任何副作用。第四幕:会有几个托出来浮夸表演,吃了以后多么有效。第五幕:各种优惠,错过机会就没货了,赶快行动。当想要减肥的人看到这个广告之后,都认为这个广告真实可信,然后争相购买。

这个逻辑性的步骤可以称之为"你有病,我有药"的说服模式。第一步就是把你的常态无限放大,只有这样才能在心理上取得你的信任,否则你会参与到局中来吗?第二步就是跟生命健康挂钩,就问你怕不怕死吧。怕?没事。第三步,我们这里有药,专门治你这病,而且这药多么多么牛。第四步,展示效果。第五步,心动不如行动,赶紧抢购。

这套卖药的逻辑说服技巧简单而实用,而且我们大多数人一直在使用或享用。比如,上下级之间的说服,老公说服老婆等。即使人们的认知已经普遍现代化,但很多时候,仍被广告耍得团团转,还心甘情愿地认为"很有道理",其实这个"道理"就是说服的逻辑。

一个肯定事实是:逻辑说服的最大敌人——现实的人性和情感。有时候,单纯地靠逻辑去说服一个人并不容易,比如,警察审讯犯人的时候,在严肃的证据事实面前,犯人往往闭口不说一个字,但是如果打感情牌,也就是给逻辑

第七章 / 巧妙运用逻辑的力量

披上一层情感的外衣,从犯人的角度入手,他的心理防线就容易攻破。

说服别人的原因在于:生活中、工作中的各种期待不能被现实满足就会形成问题,解决问题的办法是要么提高现实满足期待,要么降低期待符合现实,大多数人选择了后者,然后说服出现了。

掌握了逻辑,说服就变得轻松起来。在说服别人之前,要注意几个立足于现实的点:

1. 看似是我们用逻辑说服了对方,其实是对方自己说服了自己,逻辑只是说出了对方的问题,并让他发现、承认了问题。

2. 掌握了逻辑就应该明白不要站在矛盾对立面上和对方谈理解,说服的关键在于求同存异。

3. 不要因为略懂逻辑,就心中自诩思维高人一等,拿对方当白痴,这样不但说服不了别人,反而会引发新的矛盾。用逻辑引出对方的问题,让他自己去正视,否则一切强行改变都是徒劳的。

根据不同的情景要做出具体处理,因为说服对象是各方面多变的大活人,只有巧妙地运用逻辑说服的框架和技巧,在实践中不断练习,适应说服的压力和焦虑情绪,才能在别人面前放松自信地说话,达到很好的说服效果。